英国DK公司 / 编著　霍菲菲 / 译　周广刚 / 审

# 量子物理学

电子工学出版社

Publishing House of Electronics Industry

北京·BEIJING

Original Title: Simply Quantum Physics
Copyright © Dorling Kindersley Limited, 2022
A Penguin Random House Company

本书中文简体版专有出版权由Dorling Kindersley
Limited授予电子工业出版社，未经许可，不得以任
何方式复制或抄袭本书的任何部分。

版权贸易合同登记号 图字：01-2023-5277

图书在版编目（CIP）数据

量子物理学/英国DK公司编著；霍菲菲译.—北京：
电子工业出版社，2024.7
（DK一分钟科学）
ISBN 978-7-121-47622-8

Ⅰ.①量… Ⅱ.①英…②霍… Ⅲ.①量子论—青少
年读物 Ⅳ.①O413-49

中国国家版本馆CIP数据核字（2024）第067216号

责任编辑：苏 琪 特约编辑：刘红涛
印　　刷：惠州市金宣发智能包装科技有限公司
装　　订：惠州市金宣发智能包装科技有限公司
出版发行：电子工业出版社
　　　　　北京市海淀区万寿路173信箱
邮　编：100036
开　次：889×1194　1/16
印　张：10
字　数：162.5千字
版　次：2024年7月第1版
印　次：2024年7月第1次印刷
定　价：78.00元

凡所购买电子工业出版社图书有缺损问题，请向购
买书店调换。若书店售缺，请与本社发行部联系，
联系及邮购电话：（010）88254888，88258888。
质量投诉请发邮件至zlts@phei.com.cn，盗版侵权举
报请发邮件至dbqq@phei.com.cn。
本书咨询联系方式：（010）88254161转1882，
suq@phei.com.cn。

混合产品
纸张
支持负责任林业
FSC® C018179

www.dk.com

# 目录

## 量子世界

## 旧量子论的诞生

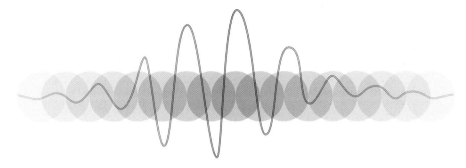

# 量子生物学

## 编辑顾问

本·斯蒂尔博士是一位获奖科学传播者、粒子物理学家、作家。他教授高中物理,同时也是英国伦敦玛丽女王大学的访问研究员。斯蒂尔博士出版过多本科普书籍,在世界各地使用乐高积木教授粒子物理学。

## 撰稿人

希拉里·兰姆是一名获奖记者、作家,主要报道科学技术相关内容。她曾为多本DK书籍撰稿,包括《视觉百科全书》(*The Visual Encyclopedia*)、《技术如何运作》(*How Technology Works*)和《物理书》(*The Physics Book*)。

贾尔斯·斯帕罗是一位专门研究物理和天文学的科普作家。他独著并参与撰写了多本DK畅销书,包括《物理书》(*The Physics Book*)、《太空飞行》(*Spaceflight*)、《纸上天文馆》(*Universe*)以及《科学》(*Science*)。

# 量子世界

量子物理学描述了宇宙在最小尺度上的行为方式，甚至远远小于最强大的显微镜的极限。宇宙基本力支配着原子的行为和相互作用，以及由它们组成的粒子——物质的基本组成部分。1897年，当约瑟夫·汤姆孙发现电子时，科学家们才确定了亚原子粒子的存在。但这些微小粒子的运动轨迹有时可能表现得像波，这成了量子世界奇怪的现象。直到1924年，路易斯·维克多·德布罗意提出了"物质波"假说。

原子 10⁻¹⁰ m  原子比人类肉眼能分辨的最小物体的十万分之一还要小。原子内部并非实心的,大部分都是空心的。

核子 10⁻¹⁵ m  氢原子核是一个单一的亚原子质子粒子,直径为一百八十万亿分之一米。

夸克 10⁻¹⁸ m  夸克是一种基本粒子,是构成物质的基本单元。

原子的中心是原子核——其密度很大,几乎集中了原子的全部质量。

原子核 10⁻¹⁴～10⁻¹⁵ m

在原子外层轨道上运行的电子粒子是与夸克尺度相似的基本粒子。

电子 10⁻¹⁸ m

## 量子尺度

量子物理学研究极端测量时发生的现象。亚原子粒子不能被直接观察到，但可以通过观察其作用的实验来研究。

### 普朗克长度 $10^{-35}$ m

普朗克长度是目前物理学理论中可能存在的最小长度单位。当长度等于或低于普朗克长度时，现有的物理理论将失效，不能再做出合理的预测。

# 无限小

虽然最大的原子直径约为0.5纳米（十亿分之一米）——不到人类头发宽度的十万分之一，但它们的大部分体积是由稠密的中央原子核周围充满电子的稀疏云团组成的。原子核的直径通常是几飞米（一米的十亿分之一），在这些尺度（甚至更小的尺度）附近，奇怪的量子特性变得明显。普朗克长度（见第140~141页）是物理学理论中最小的距离单位。

实心球模型

1803年，约翰·道尔顿提出了他的理论，认为所有物质都是由原子构成的，原子是不可分割的球体，不能被创造或毁灭。然而，原子可以与其他原子结合或分离，形成新的物质。

葡萄干布丁模型

在约瑟夫·汤姆孙的模型中，带负电荷的电子随机分布在一个带正电荷的球体上。

卢瑟福模型

1911年，欧内斯特·卢瑟福根据实验结果提出，一个原子中所有的正电荷都位于一个小而密集的核中，带负电荷的电子在核外空间绕着核旋转，就像卫星围绕行星运行一样。

玻尔模型

为了解释原子吸收和发射能量的过程，尼尔斯·玻尔提出了一个模型，在模型中电子只能在特定的能量"轨道"中运行。

# 3个亚原子粒子

原子是大尺度物质的基本组成部分，最初被认为是不可分割的，它们的化学和物理性质使它们能够代表一种（或特定的）元素。然而，在更深的层次上，所有的原子都是由3个亚原子粒子组合而成的：中心原子核中带正电荷的质子和不带电荷的中子，以及在较远的电子云中绕轨道运行的带负电荷的电子（见第11页），这使得原子能够与其他原子结合。

**电子云**

在现代原子模型中,电子不是以固定距离绕原子核运行的实心球体。相反,它们以电子云的形式存在。在电子云中,最有可能找到电子。

原子核中带负电荷的电子和带正电荷的质子之间存在着相互吸引的电磁力。

吸引力

# 量子模型

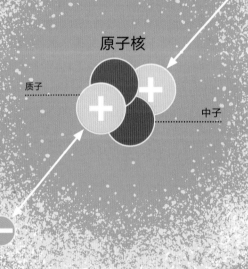

原子核

质子

中子

在原子中,带负电荷的电子数与带正电荷的质子数相同。

电子

各种形状的电子云代表了最有可能发现电子的轨道。

电子云

# 粒子动物园

　　虽然电子是真正的基本粒子，不能再被进一步分割（是被称为轻子的粒子家族的一部分），但质子和中子是由3种更小的粒子组成的，被称为夸克（见第122页）。由夸克群组成的粒子统称为强子，强子又细分为重子（由3个夸克或3个反夸克组成）和介子（由一个夸克和一个反夸克组成）。

**费米子**
构成物质的基本粒子（不可分割）分为轻子和夸克两类。在今天的宇宙中，轻子和夸克的家族中只有少数几个广泛存在。

**亚原子世界**
物理学家们利用粒子加速器（见第121页）粉碎原子，产生寿命短且不稳定的粒子，从而组建了粒子物理学的标准模型（见第124~125页）。

费米子

基本费米子

强子中的夸克

## 夸克

- 上夸克
- 下夸克
- 粲夸克
- 奇夸克
- 顶夸克
- 底夸克

## 轻子

- 电子
- 电子中微子
- μ子
- μ子中微子
- τ子
- τ子中微子

# 强子

## 重子

- ● 质子
- ● 中子
- ● λ粒子
- ○ 其他

## 介子

- ● 正π介子
- ● 负K介子
- ○ 其他

这些复合粒子是由夸克组成的。重子本质上是费米子，而介子属于玻色子（见第68页）。

复合粒子

## 玻色子

### 基本玻色子

 光子

胶子

● W玻色子（负电荷）

● W玻色子（正电荷）

● Z玻色子

● 希格斯玻色子

玻色子

基本玻色子主要充当"信使"，在物质粒子之间传递力。它们的行为与费米子极其不同。

# 光是什么?

带电荷的粒子可以通过发射电磁辐射在彼此间交换力。这些移动的波由以直角排列的振荡电场和磁场组成,这样其中一个(比如电场)有变化就会增强另一个(比如磁场)。这些波的性质和影响由它们重复的频率决定,由此产生不同形式的辐射,如X射线、无线电波和可见光。

## 自扩散波

当电磁波中的电场和磁场发生变化时,它们会相互加强,从而使电磁波传播很远的距离。

传播方向

电场

磁场

光由电场和磁场组成,它们相互成直角并垂直于其传播方向。

科学家根据波长和频率对电磁波进行分类,从长波长、长波无线电波,到微波,红外线、可见光,再到波长较短、频率较高的紫外线、X射线和伽马射线。

可见光

无线电波　微波　红外线　　紫外线　X射线　伽马射线

**电磁波谱**

# 量子常数

在单个原子和亚原子粒子层面，带电物质以光子形式发射和吸收电磁辐射。这些微小的物体是电磁能量的"量子"（离散的、独立的个体集合）。一个光子所包含的能量是由一个简单的算式决定的，其中包括它的频率、光速和一个被称为普朗克常数的数字。

**波长和频率**

对于较高频率和较短波长的光，单个光子所携带的能量更大。

$$E = h\nu$$

光子的频率是指在1秒内连续通过一个点的波的数量——随着光子波长的缩短，它的频率会增加。

**能量/频率**

量子物理学的这个基本常数揭示了光子能量与其频率或波长之间的关系，这意味着能量只以离散单位传递。

$$h = 6.6260700015 \times 10^{-34}$$

焦耳秒

*h* 普朗克常数

# 空间的涟漪

    波动现象不仅是电磁辐射（见第14页）的基础，也是粒子量子行为的基础。与粒子不同的是，波可以相互穿过，在某些地方增加干扰，在其他地方减少干扰（这是一种被称为干涉的效应），也可以传播到屏障投下的"阴影"中（衍射）。当它们在两种不同材料之间的边界相遇时，波可以反弹（反射）或减速并偏转到新的路径上（折射）。

**能量转移** 波围绕一个固定的中点反复振荡（波动）。当波传递能量时，它们并不把物质从一个地方带到另一个地方。

## 振幅

波的振幅是指场或粒子从其中心平衡位置振荡的最大位移（距离）。

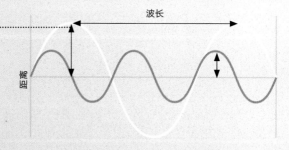

## 波的要素

波的频率是指它每秒振荡的次数，而波长是指一次完整振荡所覆盖的距离。

## 干涉

当两个相同频率的波的波峰叠加在一起时，它们会形成一个具有更大振幅的波［称为相长（zhǎng）干涉］。当一个波的波谷部分完全抵消了另一个波的波峰时，就会发生相消干涉。

$$\sim\!\!\sim\!\!\sim + \sim\!\!\sim\!\!\sim = \bigvee\!\bigvee$$
相长波

$$\sim\!\!\sim\!\!\sim + \sim\!\!\sim\!\!\sim = \text{————}$$
相消波

# 波或粒子

在量子尺度上，粒子和波之间的分界线（见第16~17页）变得模糊不清，并产生奇怪的结果。人们有可能设计一些实验来检测单个粒子状的能量包，如光子（电磁辐射的量子，见第14页），并同时证明它们的波状行为。光子可能一次一个地到达两个小缝隙对面的探测器上，然而它们所形成的图案只能通过每个光子基于波动干涉来决定其位置来解释（见第16~17页）。

## 双缝实验

19世纪初，人们进行的一项著名实验证明，光的波动性质可以用来显示电子和其他粒子的波动性质。

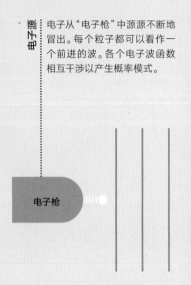

电子源

电子枪

电子从"电子枪"中源源不断地冒出。每个粒子都可以看作一个前进的波。各个电子波函数相互干涉以产生概率模式。

## 测量的效果

量子理论最奇怪的一个方面是，波或粒子的行为可以通过测量过程来确定。

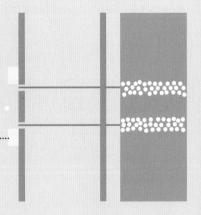

### 粒子探测器

如果我们使用探测器来测量每个光子或电子通过哪个狭缝，那么光子或电子在狭缝中就会像是在完全被隔离的情况下去传播，失去了在狭缝之前存在的波状行为。

当电子波穿过两个薄而狭窄的缝隙时会被衍射。波前端变得弯曲，并开始重叠和干涉。

分布

这条曲线显示了击中屏幕的电子可能的分布。

有两个狭缝的屏幕

光学屏幕

光学屏幕前视图

干涉图案

用一个由敏感材料组成的屏幕检测电子撞击，记录下明暗区域复杂的干涉图案。

**核力量**

核力将夸克结合在一起（形成质子和中子），对抗电磁排斥力（见第22页）。

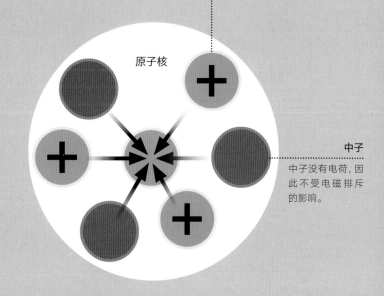

质子

质子互相排斥，但这种排斥力被更强的核力克服。

原子核

中子

中子没有电荷，因此不受电磁排斥的影响。

# 结合在一起

4种基本力将宇宙中的物质粒子结合在一起，每种力都在某种程度上受量子物理学的支配。这些力中最强大的力被称为强核力，只在大约一码的百万分之一至十亿分之一的微小尺度上起作用。这种力将夸克粒子结合在一起，形成质子和中子，并产生一种核力，将它们结合在一起形成原子核。强核力由一种叫作胶子的粒子携带。

## 弱核力

弱核力会导致某些类型的放射性衰变（其中粒子从一种类型转变为另一种类型）。弱核力由W玻色子和Z玻色子传递。

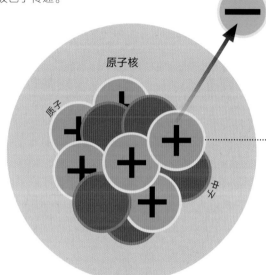

β衰变过程
在负β衰变中从原子核发射的粒子（见第112~113页）是一个快速移动的电子。

原子核

质子

中子

不稳定核
在负β衰变中，原子核内的一个中子转变为质子，并在这个过程中释放出一个电子和一个反中微子。

# 发生衰变的作用力

　　弱核力，顾名思义，比强核力和电磁力更弱，它的作用范围更小，只在低于质子直径的范围内才会被感觉到。然而，弱相互作用是非常重要的，因为它们可以影响所有类型的物质粒子（包括夸克和轻子），而且弱核力是唯一可以将一种类型的粒子变成另一种类型粒子的基本力。

### 无限范围

在原子尺度上，电磁力是质子和电子之间的吸引力。电磁辐射（见第14页）由被称为光子的无质量粒子携带。

原子核中的电子和质子相互吸引，使它们在原子中聚合在一起。

被制约在由电磁力控制的轨道上

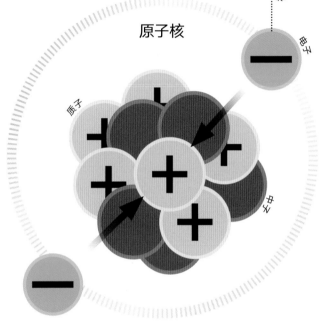

原子核

质子

电子

中子

# 异性相吸

电磁力吸引带相反电荷的粒子，同时排斥带相同电荷的粒子。电磁力的作用范围是非常广泛的，它不仅能将原子结合在一起，还可以像光一样照亮宇宙中的大片范围，但是它的强度会随着距离的增加而迅速变弱。

# 相互吸引

　　引力是有质量的物体之间一种相互吸引的力。它非常微弱，只有在质量大的物体之间才会变得明显。然而，就像电磁力一样，它的范围是无限的。理解引力的最佳理论是爱因斯坦的广义相对论，这一理论似乎与量子物理学完全分离。人们在认识引力如何在粒子层面上发挥作用的过程中，发现了许多令人困惑的问题（见第136~145页）。

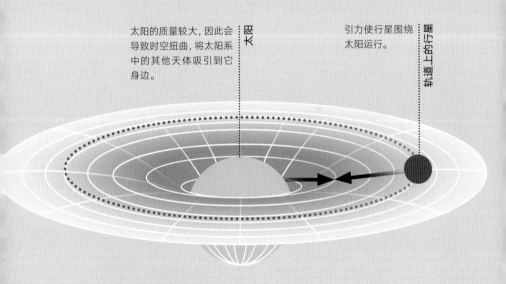

太阳的质量较大，因此会导致时空扭曲，将太阳系中的其他天体吸引到它身边。

太阳

引力使行星围绕太阳运行。

轨道上的行星

## 时空

爱因斯坦将三维空间和一维时间描述为四维时空。根据广义相对论，引力是由大质量物体导致的时空扭曲引起的。

# 旧量子论

# 的 诞 生

量子物理学的诞生最初是因为科学家们试图解释20世纪早期物理学中一些独立的谜题。这些谜题与被加热到不同温度的物体发出的光的性质、原子的内部结构，以及光与物质之间的相互作用等内容有关。这些研究过程使人们逐渐认识到，电磁波是以被人们称为光子的小而离散的能量包发射和传递的，并暗示了亚原子粒子行为更深层次的奥秘。

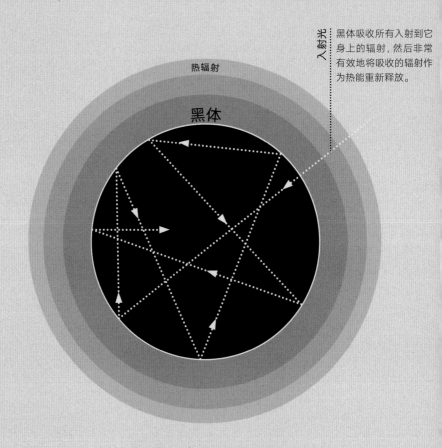

热辐射

黑体

入射光

黑体吸收所有入射到它
身上的辐射，然后非常
有效地将吸收的辐射作
为热能重新释放。

# 理想的物体

　　为了研究物体在受热时如何发射电磁辐射，科学家们
定义了一种理想的物体——黑体（Black Body）。除了最
冷的物体，所有的物体都会发出某种形式的辐射，但由于
大多数物体也会反射来自周围物体的辐射，所以很难测量
实际释放的辐射量。而黑体就是一个表面漆黑，没有一点
儿反射的物体，它是否发出辐射只取决于自身的温度。

## 辐射分布

瑞利-金斯定律未能描述最长波长外的所有波长范围，波长越短能量越大。

实验表明，随着黑体自身温度不断升高，发出的辐射的波长范围逐渐变小，峰值波长也会变短。温度较低的物体发出辐射时主要发射红外波，随着温度升高，发出的光的颜色各不相同，逐渐变为红色、白色、蓝色和紫色。瑞利-金斯定律（The Rayleigh-Jeans law）预测了较冷物体的辐射模式，表明黑体辐射强度会随着温度升高而呈指数级增长，趋向于放出无穷大的能量，这被称为"紫外灾难（Ultraviolet Catastrophe）"。

**紫外灾难**

短波

即使是最热的光源，在较短的波长下辐射也会下降。

长波

经典物理学描述了辐射的分布，但预测在更高的温度和更短的波长下辐射出的能量是无限的。

辐射强度

波长

# 能量包

　　1900年，马克斯·普朗克展示了一种避免紫外灾难（见第27页）的方法，并使黑体（见第26页）的理论发射与它们的测量行为相匹配。如果能量不是以连续流的形式释放的，而是以小而离散的爆发（或能量包）的形式释放的，且每个爆发都有不同的波长，会产生什么现象？普朗克称这些爆发为"光量子"，并假设它们的产生与发射过程有关，而不是光（见第14页）本身的性质。

逐渐增加

**经典物理学**

在早期的量子论中，粒子的属性，比如它们所拥有的能量，是连续变化的，可以取任意值。

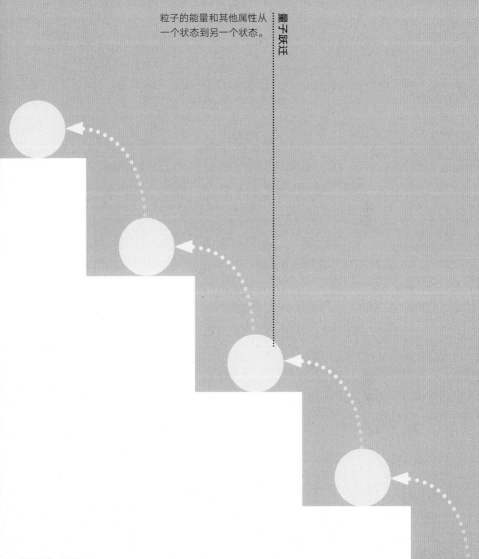

粒子的能量和其他属性从
一个状态到另一个状态。

## 量子物理学

在量子世界中，粒子的性质被限制为不
同的量子化值，这些量子化值是普朗
克常数（见第15页）的倍数。

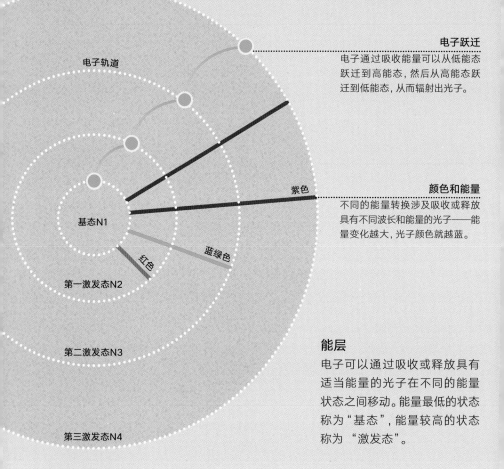

**电子跃迁**
电子通过吸收能量可以从低能态跃迁到高能态，然后从高能态跃迁到低能态，从而辐射出光子。

电子轨道

紫色

**颜色和能量**
不同的能量转换涉及吸收或释放具有不同波长和能量的光子——能量变化越大，光子颜色就越蓝。

基态N1

红色          蓝绿色

第一激发态N2

**能层**
电子可以通过吸收或释放具有适当能量的光子在不同的能量状态之间移动。能量最低的状态称为"基态"，能量较高的状态称为"激发态"。

第二激发态N3

第三激发态N4

# 能态

　　20世纪早期，物理学家们全力研究原子（见第10～11页）的结构与它们发射或吸收辐射的方式之间的关系。1913年，尼尔斯·玻尔提出了电子在核外的量子化轨道模型。在这个模型中，电子在离原子核不同距离的能层中绕轨道运行，每个电子都有不同的能态。原子吸收或发射电磁能量的量子，其波长与这些状态之间的差异相对应。

# 概率云

  20世纪20年代的发现表明，原子结构比简单的玻尔模型更为复杂。现代模型表明电子占据了一系列形状各异的"轨道"——壳层和亚壳层。由于不可能在瞬间知道它们的所有性质（见第42~43页），更准确的做法是把这些轨道想象成可能找到电子的模糊区域——在某些情况下，电子的特性在整个轨道上被有效地"抹去"了。

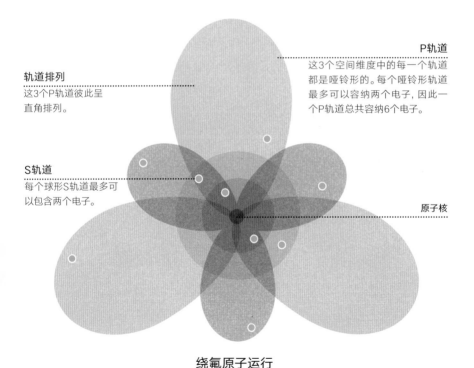

**P轨道**
这3个空间维度中的每一个轨道都是哑铃形的。每个哑铃形轨道最多可以容纳两个电子，因此一个P轨道总共容纳6个电子。

**轨道排列**
这3个P轨道彼此呈直角排列。

**S轨道**
每个球形S轨道最多可以包含两个电子。

**原子核**

**绕氟原子运行**
一个氟原子包含9个电子，在其内部的两个S轨道上各有两个，在第一个P轨道上有5个。

> 阿尔伯特·爱因斯坦获得的唯一的诺贝尔奖是因为他解释了光电效应，而不是他的相对论。

# 光子能量

光照射到金属上，使电子从金属表面逸出的现象，称为光电效应。然而，只有在光的波长短于某一特定波长时光电效应才起作用，即使用长波长的光猛烈轰击也不能触发光电效应。1905年，阿尔伯特·爱因斯坦确定，这是因为该效应取决于电子被单个光子（量子）击中的情况。基于他的发现，爱因斯坦认为所有的辐射都以"能量子"或所谓"光量子"的形式存在。

**红光**

红光的每个光子都没有足够的能量来释放单个电子，使光更亮只是增加了低能光子的数量。

低能量

金属表面

**绿光**

单个光子具有比红光更高的能量,可以提供足够的能量,使一些电子从金属表面的原子中逸出。

**紫外光**

每个紫外光子的波长都很短,可以为单个电子提供足够的能量,从而将它们从金属表面释放出来。

低能电子

高能电子

更高的能量

最高能量

# 波 函 数

在经典物理学中，一个系统在任何时间点的性质都可以用确定的规则精确计算出来，比如艾萨克·牛顿的力学定律。然而，在量子世界中，系统是不可预测的，是完全随机的。一个量子系统最好用数学中的波函数来描述，它给出了在某个时间发现它处于某种状态的概率。处于几种状态之一的量子系统可以用所有这些可能的状态的叠加来描述，尽管在进行测量时这种叠加总是"坍缩"成一个单一的状态。正是这种波函数的坍缩产生了不可预知性。

**基本波函数**

这张图片是一个一维运动的
粒子的波函数。

高概率

在最大振幅处——从中心平衡
点到峰值的距离——是找到粒
子最高概率的点。

# 描述量子态

　　量子尺度上的物体的行为是不可预
测的，例如，不可能确切地计算出一个
粒子在某一特定时间的状态。相反，它
的状态是用一个在空间和时间上变化的
数学波函数来描述的。粒子在某一地点
和时间被发现的概率与波函数的振幅的
平方有关（见第40页）。

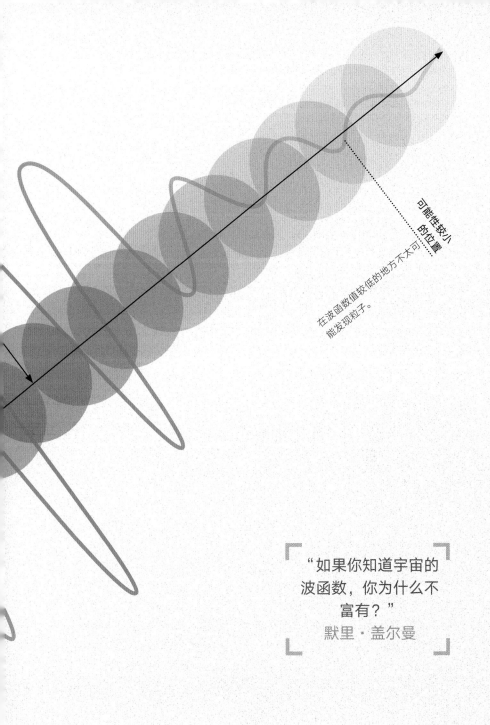

可能性较小
的位置

在波函数值较低的地方不太可
能发现粒子。

"如果你知道宇宙的
波函数，你为什么不
富有？"
默里·盖尔曼

> "因果关系只适用于
> 不受干扰的系统。"
> 保罗·狄拉克

**自旋态**
一个电子可以以不同状态的
叠加态存在，比如自旋向上
或自旋向下。

# 同时在两个地方

在经典物理学中，波可以加在一起形成另一个波（叠加）。类似地，由波函数描述的量子态可以组合成另一个量子态。这就是所谓的量子叠加。一个可以在多个状态中找到的量子系统（例如，一个电子可以自旋向上或自旋向下，见第66页）可以用所有这些可能状态的叠加来描述。

**粒子的位置**
一个未被观察到的粒子可以
被设想为同时存在于每一个
可能的位置。

## 互相加强的波

任何两个量子态都可以叠加在一起，形成另一
个有效的量子态。当这些波相同时，就像在这
个例子中，它们在叠加中相互加强。

电子

电子

# 方波

玻恩定则以德国物理学家马克斯·玻恩（Max Born）的名字命名，根据用来描述系统的波函数（见第36~37页）来计算系统处于某种状态的概率。任何封闭的系统，在某一位置找到粒子的概率与该位置波函数大小的平方成正比。波函数及其概率取决于粒子的能量（见第30页）。

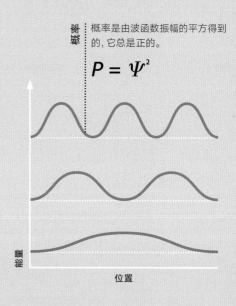

概率

概率是由波函数振幅的平方得到的，它总是正的。

$$P = \Psi^2$$

能量 / 位置

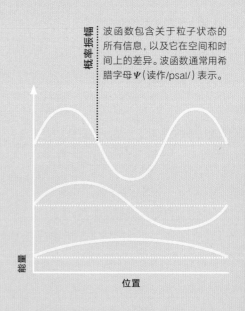

概率振幅

波函数包含关于粒子状态的所有信息，以及它在空间和时间上的差异。波函数通常用希腊字母 $\Psi$（读作 /psaɪ/）表示。

能量 / 位置

# 光波变换

　　傅里叶变换是一种数学运算，它将函数表示为具有不同频率的基本波的组合。这允许在"域"之间切换，例如时域和频域。在量子力学中，它们被用来在位置和动量之间转换。这意味着由位置波函数表示的量子态可以转换为由动量波函数表示的量子态；反之亦然。

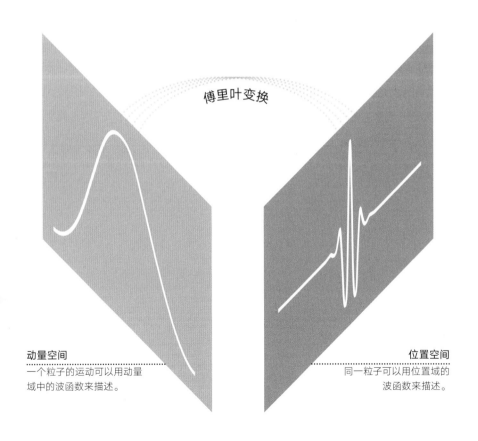

**动量空间**
一个粒子的运动可以用动量域中的波函数来描述。

**位置空间**
同一粒子可以用位置域的波函数来描述。

# 并非一切都是可知的

与经典力学不同，在量子世界中，一些成对的物理量不能被确定地计算。例如，不可能同时知道一个粒子的确切位置和动量，这些量中的一个被确定得越精确，另一个就越不能被确定，这被称为不确定性原理或海森堡不确定性原理。该原理是以德国物理学家维尔纳·海森堡的名字命名的。海森堡除了发现了这一原理，早期他还发现和建立了矩阵力学。

**位置**
一个粒子的位置越确定，
对其动量的了解就越少。

> "我们不能知道现在的所有细节。"
> 维尔纳·海森堡

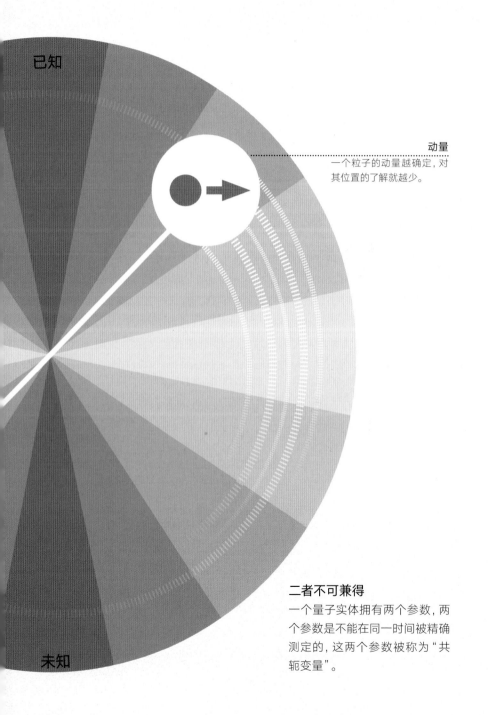

已知

动量
一个粒子的动量越确定，对其位置的了解就越少。

二者不可兼得
一个量子实体拥有两个参数，两个参数是不能在同一时间被精确测定的，这两个参数被称为"共轭变量"。

未知

**变化率**
方程的这一部分给出了波函数相对于时间的变化率。

**虚数**
该方程使用包含虚数"i"的复数,"i"被定义为-1的平方根。

**量子波函数**
波函数用希腊字母 $\Psi$（读作/psaɪ/）表示。

$$i\hbar\frac{\partial}{\partial t}\Psi = \hat{H}\Psi$$

**普朗克常数**
约化普朗克常数是自旋、动量、能量、空间、时间等变量的量子。

**哈密顿算符**
哈密顿量是一个函数,当将其应用于波函数时,表示波函数描述的所有粒子的动能和势能之和。

## 时间相关

薛定谔方程可以用许多不同的形式来写。这里显示的时间相关方程描述了一个随着时间推移而演变的系统。

# 预测变化

薛定谔方程决定了波函数的演变（见第36～37页），预测了它所描述的叠加状态系统未来的行为。它可以被认为是牛顿运动定律的量子等价物，它预测经典系统随时间的变化。虽然一个系统未来的行为不能确定，但该方程允许我们计算在以后某个时间发现一个系统处于某种状态的概率。

"我们从哪里获得那个方程？不大可能从你所知道的任何东西中推导出它，它来自薛定谔的大脑。"

理查德·费恩曼

进行的测量

测量位置
有些测量可以影响被测量的东西，例如当光子被用来测量电子的位置时。

光子

# 规避测量

薛定谔方程（见第44～45页）描述了波函数的演变——给出了在任何给定时间内发现系统处于各种叠加状态的概率，但当系统被测量时，总是发现它处于单一状态。我们不可能观察到叠加状态的波函数，并说当系统被测量时将会看到哪一个。这个谜团导致了人们对量子力学的不同解释。

测量后

**光子**
与电子的相互作用也
改变了光子。

**电子移动**
在吸收了光子的能量后，电子
的波函数由于其能量和位置的
变化而发生了变化。

"测量的难题……在于测量的
起点和终点，以及观察者的起
点和终点。"
约翰·斯图尔特·贝尔

# 瞬间坍缩

当我们对一个处于叠加态的量子系统（见第38页）进行测量时，系统会从多种可能的状态坍缩为一种特定的状态。这个过程被称为波函数坍缩。波函数以薛定谔方程决定的方式演化（见第44～45页），在任何特定的时间点，波函数坍缩只留下一种可能的结果。

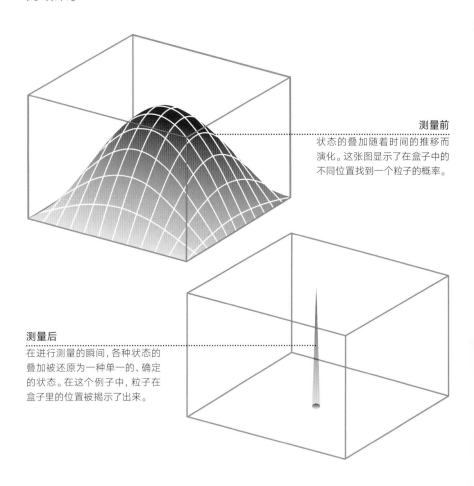

**测量前**
状态的叠加随着时间的推移而演化。这张图显示了在盒子中的不同位置找到一个粒子的概率。

**测量后**
在进行测量的瞬间，各种状态的叠加被还原为一种单一的、确定的状态。在这个例子中，粒子在盒子里的位置被揭示了出来。

盒子内部视图

活猫

死猫

放射性衰变　放射性衰变的随机性和不可预测性意味着，在进行观察之前，不确定毒药是否已被释放。

猫的难题　如果不看盒子里面，就不可能知道猫是死是活，所以猫可以被认为同时处于这两个状态。

# 盒子里的悖论

　　"波函数坍缩前发生了什么"这一谜团，引发了一个著名的思想实验，即"薛定谔的猫"。在这个思想实验中，盒子里的一只猫随时都可能被核衰变释放的毒药杀死。在量子力学的一种解释中（见第52~53页），死和活的叠加状态一直存在，直到观察者打开盒子。埃尔温·薛定谔（Erwin Schrödinger）设计了这个思想实验，以强调一只猫在有人检查它之前既死又活的荒谬性。

# 量子力学

# 的 诠 释

量子物理学的波状演化和不可预测的波函数坍缩很难与我们更熟悉的经典物理学相协调。在经典物理学中，结果、位置和行为都是明确的。为了解释为什么量子不确定性在日常世界中看不到，科学家和哲学家们设计了许多不同的量子物理学"诠释"。一些人试图通过迫使波函数坍缩来简单地摆脱一定尺度以上的不确定性，而另一些人则采取更巧妙的方法来解释为什么我们从未在"多世界"中遇到未坍缩的波函数。

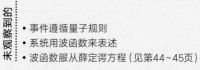

未观察到的
- 事件遵循量子规则
- 系统用波函数来表述
- 波函数服从薛定谔方程（见第44~45页）

"我认为粒子必然是一个独立于测量的分立的实体……我想即使我不看它，月亮也还是在那儿。"

阿尔伯特·爱因斯坦

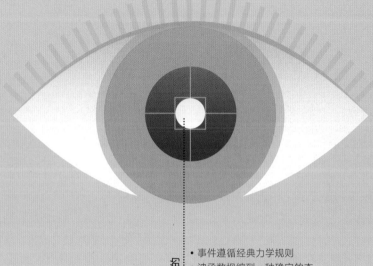

观察到的

- 事件遵循经典力学规则
- 波函数坍缩到一种确定的态
- 波函数的平方给出了在某个位置或状态下发现粒子的概率（见第40页）

# 理解量子物理学

　　哥本哈根诠释是人们在量子世界和经典物理学之间架起桥梁的最早尝试。在这种观点中，观察者测量量子系统状态的行为会导致它瞬间分解为一个单一的值——这种现象被称为波函数坍缩（见第48页）。波动方程本身被视为仅仅提供了一种测量的概率，即在观察发生时将检测到不同的值（见第36~37页）。

相似但又不同

每个宇宙都有自己的轨迹，在许多方面可能与平行的宇宙没有区别。

毫无关联

在每次观测时分离出无数个平行宇宙，每个宇宙都有一个确定的状态。这些多重宇宙保持相互独立。

# 一切可能发生的事确实会发生

　　这种量子解释是由物理学家休·埃弗雷特三世（Hugh Everett III）提出的。他认为波函数是粒子的真实性质，波函数坍缩（见第48页）是不可能的。相反，测量创造了许多平行宇宙——每个测量过程可能的结果都有一个。波函数作为一个整体保持未坍缩状态，但观察者最终会进入其中一个平行宇宙，在那里它似乎已经坍缩了。

# 无限的重复

　　宇宙学解释是理解多个平行世界理论的一种方式。它表明我们的宇宙在空间上有一个真正无限的范围，在这个范围内，每一个事件都会重复无限次。波函数将这些遥远的事件联系起来，因此当我们在空间的某一点观察到一个测量结果时，在其他地方，无穷个"我们"正在进行同样的观察，但结果却不同。

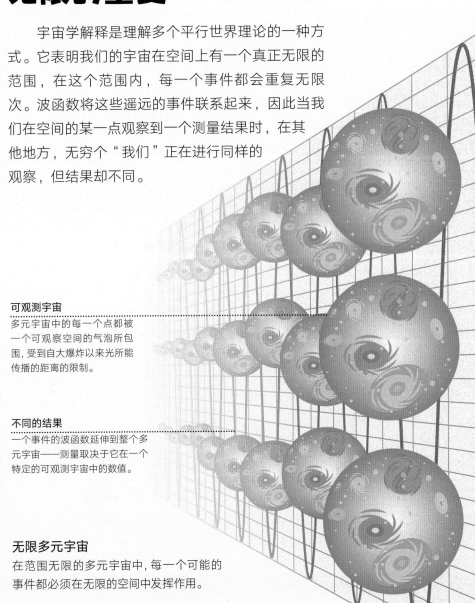

**可观测宇宙**
多元宇宙中的每一个点都被一个可观察空间的气泡所包围，受到自大爆炸以来光所能传播的距离的限制。

**不同的结果**
一个事件的波函数延伸到整个多元宇宙——测量取决于它在一个特定的可观测宇宙中的数值。

**无限多元宇宙**
在范围无限的多元宇宙中，每一个可能的事件都必须在无限的空间中发挥作用。

# 无形的影响

哥本哈根诠释假定纠缠的粒子（见第52～53页）以某种方式瞬间分享信息。隐藏变量解释提出了一种避免这种明显比光速快的信息传递的方法——粒子具有未被发现的特性，引导波函数的坍缩。导航波理论认为存在看不见的量子波，这些量子波做着类似的工作，"引导"波函数向某些属性坍缩。

> "我们对任何科学都是可能的这一事实并不十分惊讶。"
>
> 路易·维克多·德布罗意

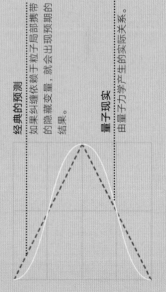

### 随波而动

粒子可能看起来有单独的
波函数和不确定的属性，
但在测量时，导航波将决定
其位置。

**经典的预测**

如果纠缠依赖于粒子局部携带
的隐藏变量，就会出现预期的
结果。

**量子现实**

由量子力学产生的实际关系。

### 贝尔定理

1964年，约翰·斯图尔特·贝尔通过证明在比较两个
纠缠粒子的自旋时它们会产生不正确的测量结果，
排除了局部持有隐藏变量的可能性。

# 量子"握手"

在时间上向前和向后运动的波之间的干涉，产生了波函数瞬时坍缩的现象。

波交汇的地方

交易诠释为量子系统之间相互作用的实际发生方式提供了一种可能的解释。它表明波函数产生的波向外传播到周围环境中，并在时间上向前和向后移动。其他系统（包括观察者）也会产生类似的波。当来自一个量子系统的向前移动的波遇到来自另一个系统的向后移动的波时，发生的"握手"过程解释了量子系统的属性。

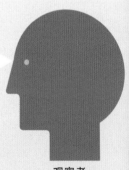

观察者

**偶然相遇**
量子粒子的测量位置、动量和其他属性是由其波函数和观察者的波之间的相互作用决定的。

**波函数半衰期**

虽然最初不确定,但波函数有一定的概率自发坍缩,有点儿类似于放射性衰变的半衰期。通过与其他粒子的坍缩波函数的相互作用,可以加速坍缩。

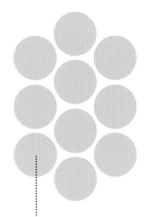

小变化 ┊ 单个粒子波函数坍缩的概率很小(例如百万年一次)。

中等变化 ┊ 当粒子成群结队时,一个粒子的坍缩会引发其他粒子的坍缩。

坍缩的可能性 ┊ 大型物体是由许多粒子组成的,其中许多粒子可能处于坍缩状态。

# 自发坍缩

　　哥本哈根诠释的建议是测量或观察会触发波函数坍缩,这就提出了一个令人不安的问题:当未进行测量时,会发生什么?替代或自发坍缩理论通过暗示坍缩自动和随机地发生,没有来自外部世界的触发来解释这个问题。波函数坍缩的可能性仍然会受到其周围粒子的波函数的影响。

**粒子的状态范围**

量子粒子与其环境的相互作用越少，其可能的状态的范围就越广。由于退相干——粒子状态和周围世界的纠缠——最终只会有一个结果。

最终，有一个波函数证明了自己最适合特定环境——正是这个波函数决定了经典测量的结果。

**孤单的波函数**

# 适者生存

如果隐藏变量（见第56～57页）不能引导波函数坍缩到某种状态，是否有别的东西可以做到？量子达尔文主义，正如其名称，涉及一个类似于查尔斯·达尔文（Charles Darwin）进化论"适者生存"的想法。根据这种解释，一个粒子和其环境中的因素之间的相互作用会逐渐过滤其波函数可能的终结状态，直到它被定格在一个被称为"指针状态"的单一结果。

# 观察员的观点

量子贝叶斯主义（QBism，发音为"cubism"）以18世纪统计学家托马斯·贝叶斯（Thomas Bayes）的名字命名，其对量子物理学的解释将观察者置于理论的中心。同样，贝叶斯统计允许人们在获得更多信息时调整他们对事件可能性的看法。因此根据量子贝叶斯主义，波函数仅仅是观察者对可能的不同结果的个人理解和观点。

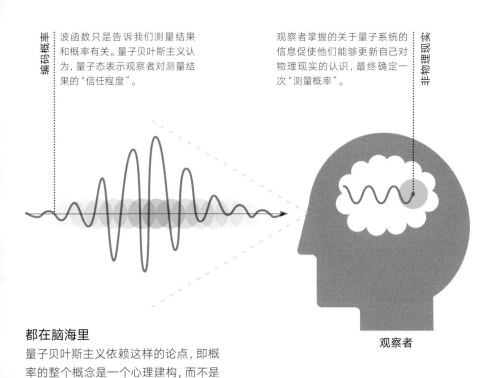

编码概率

波函数只是告诉我们测量结果和概率有关。量子贝叶斯主义认为，量子态表示观察者对测量结果的"信任程度"。

非物理现实

观察者掌握的关于量子系统的信息促使他们能够更新自己对物理现实的认识，最终确定一次"测量概率"。

观察者

**都在脑海里**
量子贝叶斯主义依赖这样的论点，即概率的整个概念是一个心理建构，而不是真实的客观性质。

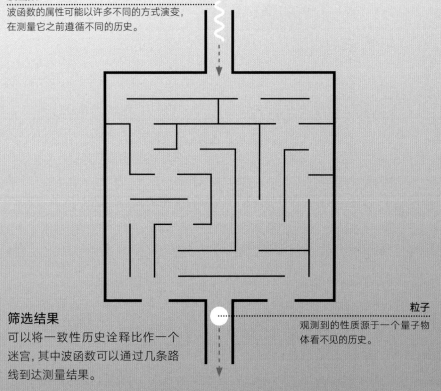

**波函数**
波函数的属性可能以许多不同的方式演变，在测量它之前遵循不同的历史。

**粒子**
观测到的性质源于一个量子物体看不见的历史。

**筛选结果**
可以将一致性历史诠释比作一个迷宫，其中波函数可以通过几条路线到达测量结果。

# 穿过迷宫

　　一致性历史诠释有时被称为"哥本哈根诠释"，试图将量子力学与数学概率的"经典"规则结合起来。在这种方法中，波函数从不坍缩，而是退相干（见第75页），以揭示量子系统在那个时刻的性质。系统的概率有多种"演化史"，每个"演化史"都有自己的概率值。

# 不同的看法

　　阿尔伯特·爱因斯坦著名的狭义相对论解释了处于不同"参照系"（例如，以不同的速度运动）中的观察者对事件的解释有什么不同。关系诠释将类似的想法应用于波函数，表明它可能同时为不同的观察者显示不同的坍缩状态（或保持不坍缩），这取决于观察者的位置、运动和其他属性。事实上，量子系统及其观察者是由一个组合波函数共同描述的。

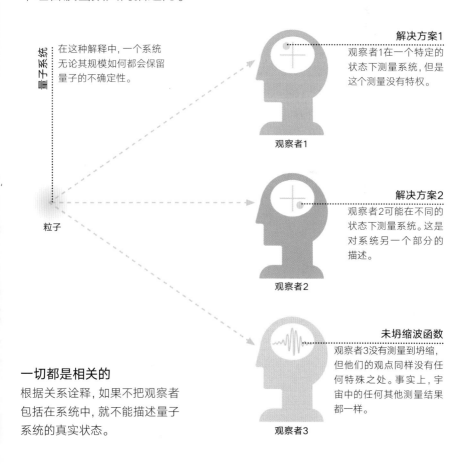

量子系统

在这种解释中，一个系统无论其规模如何都会保留量子的不确定性。

粒子

**解决方案1**
观察者1在一个特定的状态下测量系统，但是这个测量没有特权。

观察者1

**解决方案2**
观察者2可能在不同的状态下测量系统。这是对系统另一个部分的描述。

观察者2

**未坍缩波函数**
观察者3没有测量到坍缩，但他们的观点同样没有任何特殊之处。事实上，宇宙中的任何其他测量结果都一样。

观察者3

**一切都是相关的**
根据关系诠释，如果不把观察者包括在系统中，就不能描述量子系统的真实状态。

# 量子现象

当将量子物理学付诸实践时，量子物理学的奇怪规则产生了各种各样的不寻常现象。20世纪20年代的量子革命帮助人们解决了当时物理学中一些最大的未决之谜（如什么力量支配着原子的内部结构，以及一些不稳定的原子核如何衰变）。然而，它也对当时困扰许多物理学家的奇怪行为和不寻常的物质状态进行了预测，但这些预测在20世纪后期人们通过巧妙的实验得到了证明。

# "旋转"

在宏观物理学中，在旋转的作用下，物体由于其自身的质量自然拥有一种动量。量子粒子拥有一种属性（称为内禀角动量或自旋），最初被认为是它们在原地旋转，但后来发现是更奇怪的东西。自旋并不是指粒子的实际物理旋转，但与经典旋转有许多相同的特点，并产生一些类似的效果。

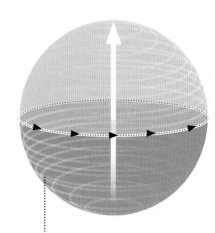

自旋向上

粒子的自旋是根据3个维度中的1个维度进行测量的，最常见的是基于$Z$轴进行的。当依据$Z$轴测量时，粒子自旋指向两个方向中的一个：正自旋向上或负自旋向下。

自旋向下

自旋$\frac{1}{2}$表示一个粒子所具有的内禀角动量（自旋）为$\frac{h}{2}$，$h$是约化普朗克常数。

> "但后来电子自旋的发现极大地改变了这种情况。电子是不对称的……它们并不简单，不像我们以前想的那么初级。"
>
> 维尔纳·海森堡

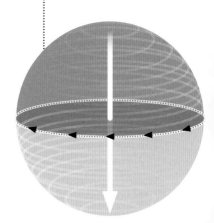

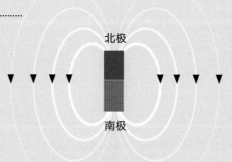

**磁偶极子**
在这个熟悉的条形磁铁中，无数偶极子（带正电荷和带负电荷的分子）排列在一起，产生一个强大的磁场。

北极

南极

**磁场线**
磁场通常用线条来表现，表示其影响的强度和方向。

# 引力场

　　电荷是许多粒子的基本属性，而磁场不是，相反，它是由运动中的电荷产生的一种效应。带电的亚原子粒子，如电子和夸克，由于其固有的角动量或自旋，会产生自己的弱磁场，称为磁矩。就像自旋和电荷本身一样，磁矩是量化的，即只能取某些离散的数值。

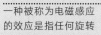

**这一刻的到来**
一种被称为电磁感应的效应是指任何旋转的带电粒子都会诱发出现类似于条形磁铁的磁场。

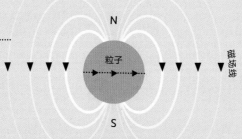

N

粒子

S

磁场线

# 明确的分界线

自旋的属性定义了基本亚原子粒子之间的划分。与物质结构相关的粒子都具有$+\frac{1}{2}$或$-\frac{1}{2}$的自旋值，而自旋值为1的粒子则承载着这些物质粒子之间的作用力，自旋值为0的希格斯玻色子则为它们提供质量。具有半整数自旋值的粒子遵循一种被称为费米-狄拉克统计学的数学模型，这就是费米子。自旋值为整数或零的粒子遵循玻色-爱因斯坦统计规律，称为玻色子。

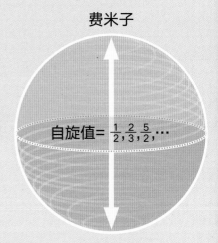

费米子

$$自旋值=\frac{1}{2},\frac{2}{3},\frac{5}{2},\cdots$$

**物质粒子**

粒子自旋值上的+或-符号仅表示它的方向是向上还是向下。当费米子结合在一起时，它们的自旋值就会增加。

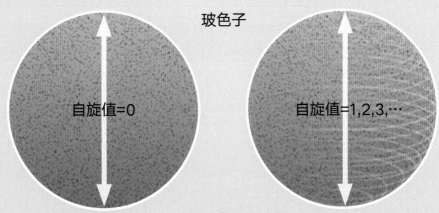

玻色子

自旋值=0

自旋值=1,2,3,…

**整数自旋粒子**

载力玻色子的自旋值为1，但更大的玻色子可以通过把费米子加在一起制成。希格斯玻色子是自旋值为0的基本粒子（见第127页）。

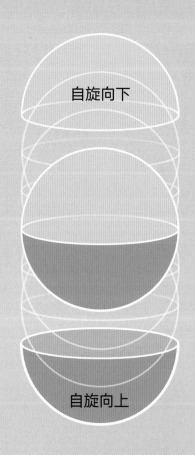

自旋向下

自旋向上

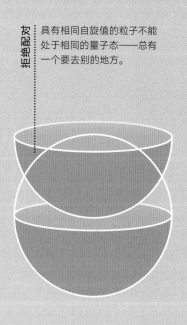

拒绝配对

具有相同自旋值的粒子不能处于相同的量子态——总有一个要去别的地方。

**粒子对**

如果两个原本相同的粒子的自旋是互补的，那么它们就可以具有相同的能量、动量和位置。

# 不处于同一个状态中

作为物质结构基础的最重要的规则之一，泡利不相容原理阻止费米子陷入完全相同的量子态。这产生了一种压力，即使在其他排斥力（如电磁力）失效的情况下，也能使粒子分开（例如，在被称为白矮星和中子星的超密集坍缩星内）。这也解释了为什么在一个原子内只有两个电子（具有上旋和下旋）可以占据同一个轨道子壳（见第31页）。

**接近屏障**

就经典物理学而言，束缚原子核的力量创造了一个能量屏障或"势阱"。传统上，一个粒子只有在有足够的动能来克服势能不足的情况时才能逃离，低于这个值的能量将意味着该粒子永远被困住。

# 什么屏障？

　　一种被称为"隧穿"的效应解释了亚原子粒子有时如何跨越明显无法逾越的屏障。例如，在放射性 α 衰变过程中（见第113页），一簇质子和中子通过克服将原子核固定在一起的结合能，自发地从一个较大的原子核中挣脱出来。这种跳跃在经典物理学中是不可能的，但量子波函数的边缘可以到达屏障之外，出现了在那里发现粒子的较小机会。

## 一个可能的结果

随着时间的推移，放射性粒子发生衰变的概率是有限的，但衰变事件本身是无法预测的。隧穿理论可能提供了一个解决方案，即为什么粒子有时但不总是能从原子核中逃逸。

### 隧穿

波函数的振幅在跨越势垒时呈指数级下降，但它在势垒的另一侧仍能以非零值结束，因此在势垒的另一侧有非零的机会发现粒子。

**屏障**

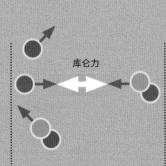

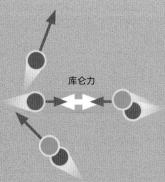

库仑力

库仑力

**太阳中的原子核** 太阳的核心有轻量级的氢核，它们受到电磁库仑力的影响：类似的带电粒子相互排斥，不同的带电粒子相互吸引。

**排斥力** 数百万摄氏度的高温给原子核带来了巨大的动能，但太阳内部的核心温度还不够高，不足以应对原子核之间的排斥力。

**核聚变** 鉴于库仑屏障的存在，太阳中的核聚变反应比预期要多得多，因此量子隧穿必须发挥关键作用。

# 距离不是问题

　　纠缠是最奇怪的量子效应之一，它基于量子波函数本身的性质产生。在一次相互作用中产生的粒子对有一个共同的起源，彼此不能独立地描述。粒子之间可以相隔很远，但是当测量到一个粒子的性质时，与它纠缠的伙伴就会瞬间"知道"，而它本身会坍缩到适当的状态。

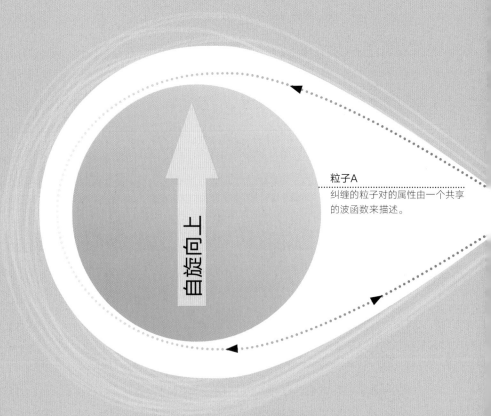

自旋向上

粒子A
纠缠的粒子对的属性由一个共享
的波函数来描述。

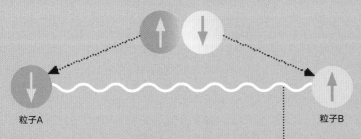

## 相关性

纠缠对中一个粒子的物理属性的测量——
如自旋、位置、动量或偏振——将与第二个
粒子的测量相关联。

纠缠之量

粒子可以相隔很远，但测量
其中一个粒子的状态会立即
影响到另一个粒子的状态。

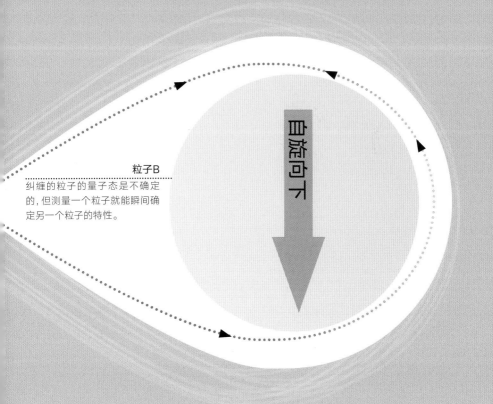

粒子B

纠缠的粒子的量子态是不确定
的，但测量一个粒子就能瞬间确
定另一个粒子的特性。

自旋向下

# 量子隐形传态

奇异的量子纠缠（见第72～73页）可以应用于量子隐形传态——即在一个系统中重建另一个系统的量子信息。量子隐形传态涉及创建一对纠缠的量子态（量子比特，见第106页），然后将它们分开。待传送的系统与其中一个量子比特相互作用，产生一个"经典"测量，然后以光速传送到另一个量子比特的位置，并用于重建相互作用的系统。

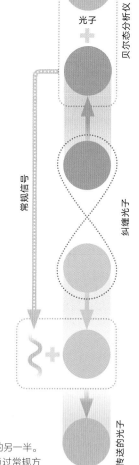

**发送方**

爱丽丝[1]将信息编码到一个光子中，然后使其与被称为"贝尔态分析仪"的设备中的一对纠缠粒子之一相互作用。

贝尔态分析仪

光子

常规信号

纠缠光子

传送的光子

鲍勃拥有这对纠缠光子对的另一半。有关爱丽丝系统的信息，通过常规方式发送，使他能够重新创建爱丽丝编码的光子并读取其信息。

**接收方**

---

1 爱丽丝与本页的鲍勃这两个名字，是量子计算实验假想对象的常用姓名。

**连贯性**

一个完全孤立的量子粒子可以无限期地保持一个不确定的状态。

**环境影响**

在像原子这样的复杂系统中，来自其他粒子的波函数的干涉会导致不确定的系统失去相干性。

原子

# 不稳定的环境

处于波函数所描述的不确定状态的量子系统被认为是"相干的"。退相干现象是一个系统与周围环境相互作用时的量子信息损失。除非一个系统是完全隔离的，否则，它的相干性会通过与环境的波函数的相互作用而恶化。退相干是对量子计算系统的一个主要挑战，这些系统依赖于保持粒子的长期一致性状态。

# 固态物体内部

　　单个原子由带正电荷的原子核组成，周围有带负电荷的电子（见第10~11页）。然而，为了形成大规模的固体材料，如晶体，原子"交"出了它们的一些电子，允许它们（在一定程度上）在一个固定的带正电离子的几何格中自由漂浮。量子效应控制着电子驻留的位置——将电子模拟成费米子"气体"，可以深入了解电、热传导和绝缘等现象。

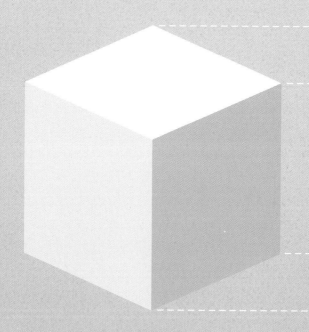

固态物体

自由电子

早期的固体模型试图将自由电子的运动建模为遵循纯费米–狄拉克统计的"费米气体"。

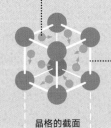

晶格的截面

+

离子

**近乎自由的电子**

现代理论改写了波动方程,将电子和晶格中带正电的离子之间的相互作用考虑在内,用"电子能带"来描述固体内部的能级(见第90页)。

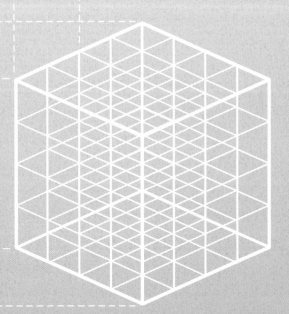

**晶体结构**

**玻色子气体** 由于量子的累加方式具有自旋特性（见第68页），包含适当数量费米子粒子（自旋值为 $\frac{1}{2}$）的原子可以表现为具有整数自旋值的玻色子。

**重叠波** 当玻色子原子的稀疏气体被冷却到非常低的温度时，它们的波函数膨胀并开始相互重叠。

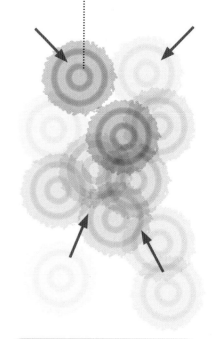

**正常温度**

在高温下，玻色子气体看起来很正常，粒子的能级范围很广——尽管有些能级是共享的。

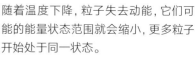

**极端冷却**

随着温度下降，粒子失去动能，它们可能的能量状态范围就会缩小，更多粒子开始处于同一状态。

# 变化的能量状态

　　当一大批玻色子被冷却到一个非常低的温度时，粒子可用的能量状态就会大大减少，从而产生一种奇怪的物质形式，称为玻色-爱因斯坦凝聚（BEC）。由于泡利不相容原理（见第69页）不适用于玻色子，因此粒子不会被迫保持独立的状态，相反，它们会落入一个由单一波动方程描述的共享低能量状态。

## 临界温度

在一定的临界温度以下，所有的粒子都落入可能的最低能量状态，由单一的量子波函数描述。

**玻色-爱因斯坦凝聚**

随着温度降低到绝对零度（−273.15℃/−459.67℉），波函数进一步膨胀并合并形成一个巨型的粒子玻色-爱因斯坦凝聚物（BEC）。

# 无摩擦流动

超流现象很不同寻常，冷却到极低温度的液化气体在其原子之间没有内部摩擦的情况下流动。当原子落入受玻色-爱因斯坦统计学支配的状态时，就会产生超流体。超流体的无摩擦流动，能够让其"爬"上容器壁，形成奇怪的波纹，甚至减缓光速。

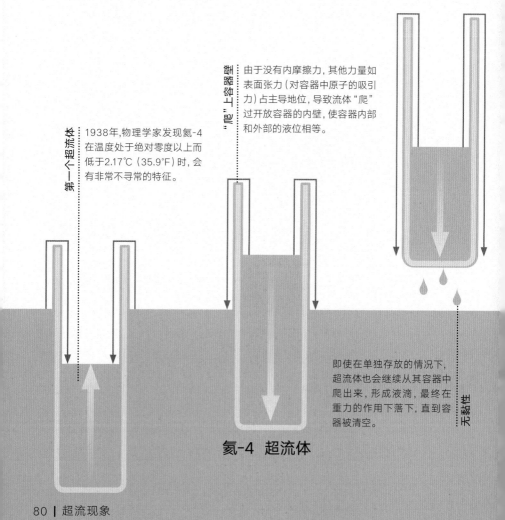

第一个超流体

1938年,物理学家发现氦-4在温度处于绝对零度以上而低于2.17℃（35.9°F）时，会有非常不寻常的特征。

"爬"上容器壁

由于没有内摩擦力，其他力量如表面张力（对容器中原子的吸引力）占主导地位，导致流体"爬"过开放容器的内壁，使容器内部和外部的液位相等。

无粘性

即使在单独存放的情况下，超流体也会继续从其容器中爬出来，形成液滴，最终在重力的作用下落下，直到容器被清空。

氦-4 超流体

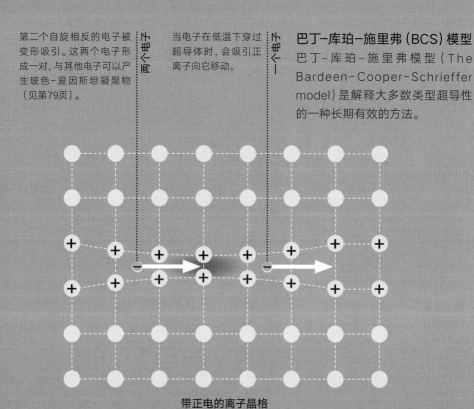

第二个自旋相反的电子被变形吸引。这两个电子形成一对，与其他电子可以产生玻色-爱因斯坦凝聚物（见第79页）。

两个电子

当电子在低温下穿过超导体时，会吸引正离子向它移动。

一个电子

## 巴丁-库珀-施里弗 (BCS) 模型

巴丁-库珀-施里弗模型 (The Bardeen-Cooper-Schrieffer model) 是解释大多数类型超导性的一种长期有效的方法。

带正电的离子晶格

# 永久电流

　　在正常的导电体中，能量损失在电阻上，即传输电流的电子粒子与其周围环境之间发生相互作用。然而，在非常低的温度下，量子行为会导致一种被称为超导的效应，在这种效应中，电流流过某些材料时没有阻力。超导体中的电子以库珀对的形式移动，表现出玻色子（见第78~79页）而不是费米子粒子的特性，使它们能够以类似超流体的方式无摩擦地流动。

# 奇异量子原子

大多数原子处于恒定运动状态，这使得人们难以精确测量它们的性质。为了得到最精确的测量结果，物理学家将它们冷却到了极低的温度，在那里由于过剩的动能（运动）导致的粒子随机运动被降到最低。这可以通过使用激光束来减慢原子的运动速度，最终达到接近绝对零度（-273.15℃），在那里可以形成奇怪的量子特性。

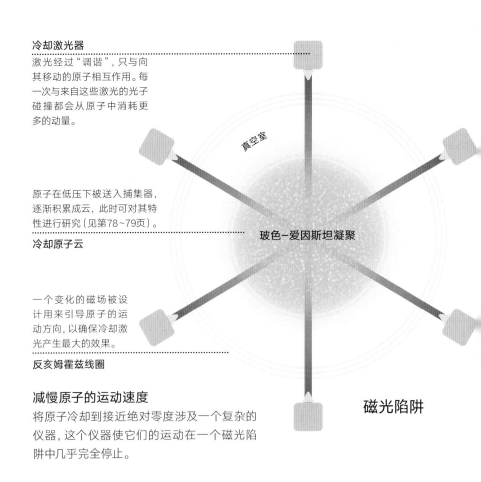

**冷却激光器**
激光经过"调谐"，只与向其移动的原子相互作用。每一次与来自这些激光的光子碰撞都会从原子中消耗更多的动量。

原子在低压下被送入捕集器，逐渐积累成云，此时可对其特性进行研究（见第78~79页）。
**冷却原子云**

一个变化的磁场被设计用来引导原子的运动方向，以确保冷却激光产生最大的效果。
**反亥姆霍兹线圈**

真空室

玻色-爱因斯坦凝聚

**磁光陷阱**

## 减慢原子的运动速度
将原子冷却到接近绝对零度涉及一个复杂的仪器，这个仪器使它们的运动在一个磁光陷阱中几乎完全停止。

**里德伯电子**
外层电子的波函数与内层电子的波函
数几乎没有重叠，因此它对来自内部
的干扰有一定程度的免疫力。

**原子核**

**受激原子**
里德伯原子的内层电子屏蔽了最外层
电子对原子核的大部分影响，从其遥
远的位置来看，它们所经历的电的作用
力与氢原子中的相似。

**里德伯原子**

# 不寻常的轨道

里德伯原子是一种物质形式，其中至少一个原子的电子被
推进到一条具有非常高"主量子数"的大轨道上。电子和原子
内核之间的巨大距离引发了奇怪的效应。里德伯原子的一些特
性与氢相似，但原子对外层电子的松散控制意味着它很容易被
电离，并且对电场和磁场高度敏感。

# 量子技术

量子物理学是许多成熟和新兴技术的核心。在设计中利用量子原理——从日常电子产品到卫星计时器——都可以概括地描述为量子技术。奠定信息时代基础的设备是建立在量子物理学之上的。例如，半导体设备是围绕电子能级的量化设计的，它限制了电荷在晶格中的移动。在不久的将来，类似的变革性新技术可能建立在其他量子现象上，比如纠缠。

# 向原子发射光子

当一个电子从激发态跃迁到基态时（见第30页），会以光子的形式释放能量差。受激发射包括向原子发射光子，使受激电子降至基态，并释放波长和相位与入射光子相同的新光子。这些光子刺激其他原子，产生相干光的级联（见对页）。

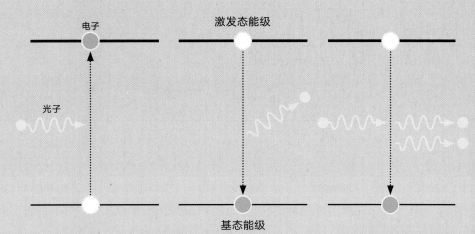

电子

光子

激发态能级

基态能级

## 光的吸收

当电子从入射光子吸收能量时，它可能被激发（也被称为"泵送"）到更高的能量状态。处于激发态的电子随后可能衰减到较低的能量状态。

## 自发发光

当电子自发下降到较低的状态时，它以光子的形式释放出能量。材料中电子自发发射的光子的相位和方向是随机的。

## 受激发光

入射光子可以使电子跌落到较低的能量状态。在这个过程中，电子会额外发射一个光子，它与入射光子具有相同的相位和方向。

# 高度集中

激光器是基于受激发射（见对页）的一种通过光学放大过程发射光的装置。与其他来源的光不同，激光是相干的，这意味着波与波之间是完全同步的，并且具有相同的频率。激光的发明允许对光进行前所未有的控制，其应用包括遥感激光雷达、激光切割和光谱学。激光还可用于捕获和冷却小粒子，如原子和离子。

受激辐射光照明
激光发出快速的可见红光脉冲。由于光子是通过受激发射产生的，所以这种光是完全相干的。

泵浦能量来源
用闪光灯刺激红宝石，闪光灯发出的能量被红宝石这一介质中的电子吸收，然后跃迁到激发态。

## 红宝石激光

# 保持时间

用于卫星导航等技术的原子钟，利用原子（如铯-133）的某些特性来保持精确的时间。当原子暴露在光子下时，一些电子会在能级之间跳跃。当入射光子的频率与铯-133原子的频率完全相同时，原子中的电子就会发生共振并在能级之间跳跃。1秒的定义是铯-133原子基态的超精细能级之间的跃迁所对应的辐射9 192 631 770个周期所持续的时间。

## 测量时间

最精确的测量时间的方法是基于微波辐射的频率，这种频率可以激发电子在某些原子的能量状态之间跳跃。

**量子跃迁**

振荡器向原子发射被设定为特定频率的微波，使它们跃迁到更高的能量状态。

**铯-133原子发射**

铯-133原子被电离并通过一个磁门发射，磁门过滤掉所有高能量状态的原子。然后，低能量状态的原子继续进入无线电波振荡器。

磁铁

磁铁

移除高能态原子

最精确的原子钟在150亿
年里误差不超过1秒。

**频率和时间**

自1968年以来，1秒的定义一直
基于这一频率。

**反馈给振荡器**

在检测器对原子数量进行计数之
前，第二块磁铁会过滤掉低能态的
铯-133原子。如果检测器计算出足
够多的高能态原子，那么振荡器就
处于正确的频率。如果高能态原子
的数量太少，那么就需要将振荡器
调整到正确的频率。

9 192 631 770次振荡

以9 192 631 770赫兹发送的
无线电波信号

**振荡器**

磁铁

磁铁

移除低能态原子

检测器

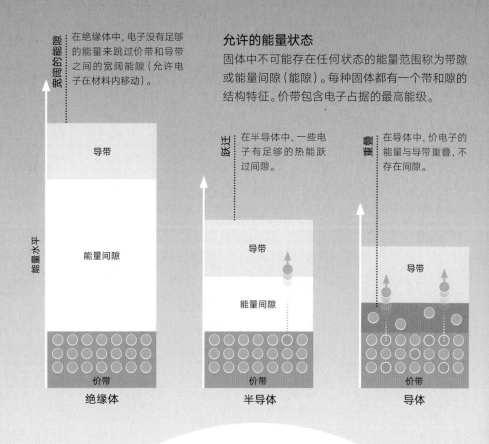

**宽阔的能隙** 在绝缘体中,电子没有足够的能量来跳过价带和导带之间的宽阔能隙(允许电子在材料内移动)。

**能量水平**

导带

能量间隙

价带

**绝缘体**

## 允许的能量状态

固体中不可能存在任何状态的能量范围称为带隙或能量间隙(能隙)。每种固体都有一个带和隙的结构特征。价带包含电子占据的最高能级。

**跃迁** 在半导体中,一些电子有足够的热能跃过间隙。

导带

能量间隙

价带

**半导体**

**重叠** 在导体中,价电子的能量与导带重叠,不存在间隙。

导带

价带

**导体**

# 固体状态

要了解材料的电学性质,有必要了解电子如何在材料内部运动。能带理论是描述具有固体结构的材料中允许和禁止的能级——能带和带隙的模型(见第76~77页),这些能级限制了电子的行为。这个模型解释了固体物质的热学和电学特性,是固态电子装置的基础,如晶体管(见对页)、二极管(见第92页)和固态数据存储设备。

# 硅片

晶体管是一种改变电子信号的装置。它是由硅制成的，硅被
"掺杂"其中以赋予其不同的特性。例如，当电子被移除时，
就会留下"空穴"供电子流入。把硅层放在一起，每
层都有过量（N型）或不足（P型）的电子，
从而形成了可以放大或切换电流的晶
体管。许多晶体管被集成到一
个计算机芯片上。

## 基本晶体管

在N-P-N晶体管中，电子不足的层（P型）被夹在电子过量的
层（N型）之间。多余的电子可以流入P型区域。

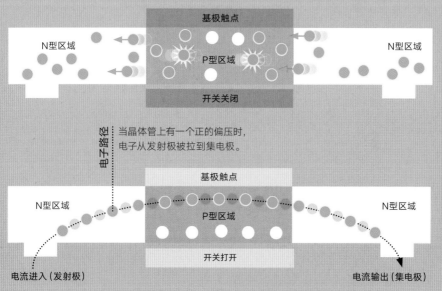

基极触点

N型区域　　　　　　P型区域　　　　　　N型区域

开关关闭

电子路径　　当晶体管上有一个正的偏压时，
电子从发射极被拉到集电极。

基极触点

N型区域　　　　　　P型区域　　　　　　N型区域

开关打开

电流进入（发射极）　　　　　　　　　　　电流输出（集电极）

# 发光

　　发光二极管（LED）在被施加电流时发出光。在一个LED中，一个P型和一个N型半导体被紧紧地放在一起，位于电触点之间。当电流流动时，多余的电子从N型层流向P型层，在那里它们落入半导体中的"空穴"并释放光子（光）。发出的光的颜色取决于电子跨越能量间隙（能隙）所需的能量（见第90页）。

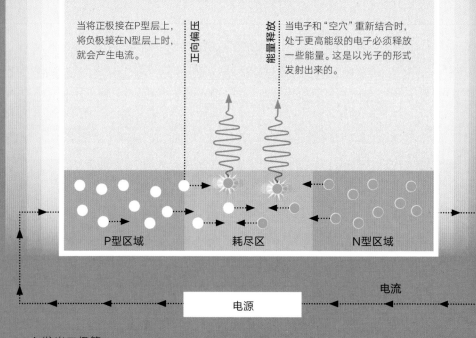

当将正极接在P型层上，将负极接在N型层上时，就会产生电流。

正向偏压

能量释放

当电子和"空穴"重新结合时，处于更高能级的电子必须释放一些能量。这是以光子的形式发射出来的。

P型区域

耗尽区

N型区域

电流

电源

# 捕获光子

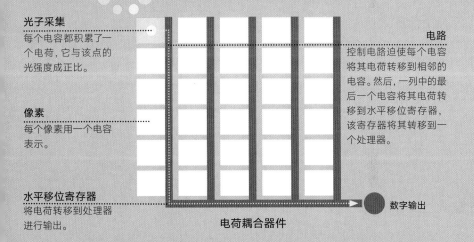

**光子采集**
每个电容都积累了一个电荷，它与该点的光强度成正比。

**像素**
每个像素用一个电容表示。

**水平移位寄存器**
将电荷转移到处理器进行输出。

**电路**
控制电路迫使每个电容将其电荷转移到相邻的电容。然后，一列中的最后一个电容将其电荷转移到水平移位寄存器，该寄存器将其转移到一个处理器。

**数字输出**

电荷耦合器件

电荷耦合器件（charge-coupled device，CCD）是由连接的电容组成的电路，用于存储和传输电荷。CCD图像传感器将光转换成电信号，是数字成像的重要组成部分。像素用半导体电容表示，当光子被吸收时释放电子，积累的电荷与该点的光强度成正比。控制电路通过电容阵列传输电荷，将它们转换成可读信号。

**量子升力**

利用超导体可以实现磁悬浮，即用磁场使物体悬浮。

固定在原地

超导体会排斥永久磁铁的磁场。由于超导体被磁场"钉住"，因此可以实现稳定的悬浮。

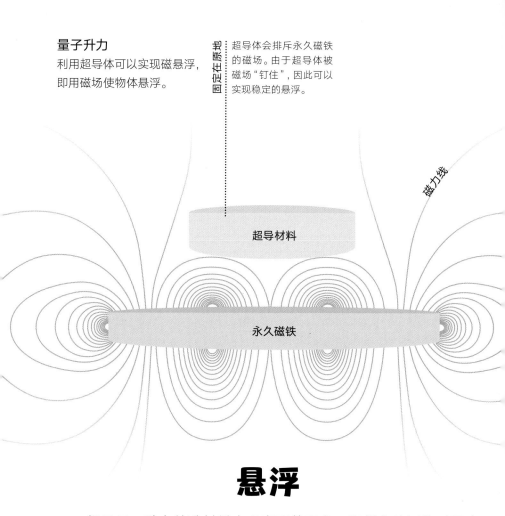

磁力线

超导材料

永久磁铁

# 悬浮

　　超导是一种在特殊材料中观察到的现象，通常在接近绝对零度（−273.15℃）的极低温度下，电阻会消失（见第81页）。超导电磁铁是由超导线圈制成的，这些线圈可以传导大量电流，产生强大的磁场。当超导体处于磁场中时，它的内部会产生大量小电流并形成电流环，这个电流环会产生一个与外部磁场相反的磁场，从而导致超导体对外部磁场表现出排斥的效应。

# 隧道结

约瑟夫森效应是可在宏观尺度上观察到的量子现象的一个罕见例子。它涉及电流无限期地流过约瑟夫森结，而不需要外加电压。约瑟夫森结由两个超导体和一个薄薄的非超导层紧密连接。库珀对（见第81页）中的电子通过屏障从一个超导体到达另一个超导体，没有任何阻力。约瑟夫森结被用于超导量子干涉设备（Superconducting Quantum Interference Device，SQUID）（见第96~97页）。

**跨越屏障**
成对的电子从一个超导体到达另一个超导体，穿过屏障直到达到临界电流，并且在结点上出现电压。

库珀对

**屏障**

**超导体**

薄屏障

在两个超导体之间有一个非常薄的绝缘或正常导电材料的屏障，迫使电子以隧穿的方式（见第70~71页）通过。

库珀对

# 超导量子干涉设备

　　超导量子干涉设备用于检测极其微弱的磁场，包括与神经活动有关的信号。干涉设备基于一个包含两个约瑟夫森结的超导环（见第95页）。在磁场中，环中的电流发生变化，将环中的磁通量（场线的数量）转移到一个能量上可取的值，导致电压随磁场变化。

半导体

电流

在一个小磁场的作用下，会产生电流（感应）。该电流产生一个磁场。如果环路外的磁场发生变化，环路内的电流就会将环路内的磁通量增加或减少到一个能量上的可取值（磁通量的倍数）。这就产生了结点上可测量的变化电压。

感应电流

约瑟夫森结

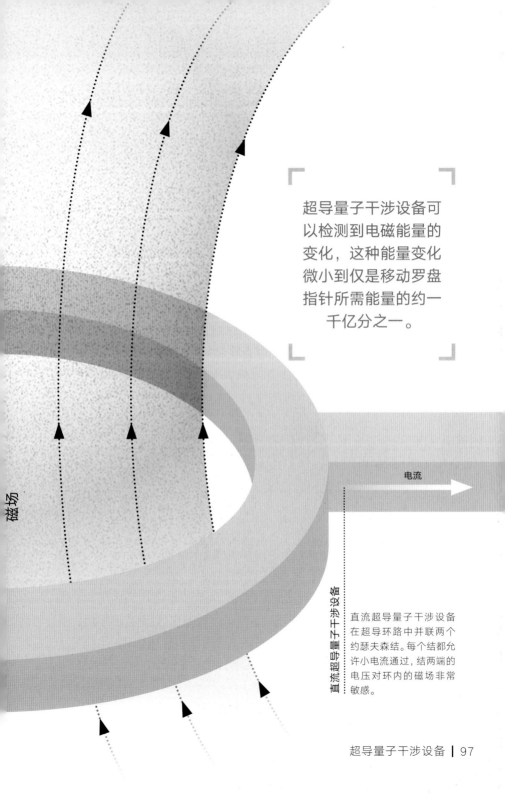

磁场

超导量子干涉设备可以检测到电磁能量的变化，这种能量变化微小到仅是移动罗盘指针所需能量的约一千亿分之一。

电流

直流超导量子干涉设备

直流超导量子干涉设备在超导环路中并联两个约瑟夫森结。每个结都允许小电流通过，结两端的电压对环内的磁场非常敏感。

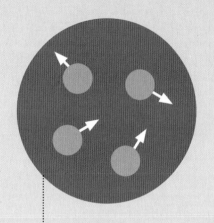

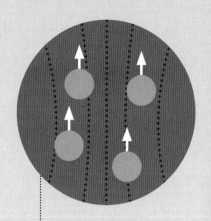

随机的位置

在没有外部磁场的情况下，质子
在人体内部旋转，其自身磁场的
轴线随机排列。

大部分是一致的

当施加一个强大的外部磁场时，
每个质子的磁场轴与这个磁场成
平行的直线。

磁共振扫描仪

### 量子扫描仪

当测量单个质子的自旋时，它可以处于两
种状态之一：平行或反平行。在核磁共振
扫描期间，质子从平行状态切换到反平行
状态，然后恢复到原来的状态。

"太诡异了。我在那台机器里
看到了自己。我从没想过我的
工作能走到这一步。"

伊西多·伊萨克·拉比
（发现磁共振成像）

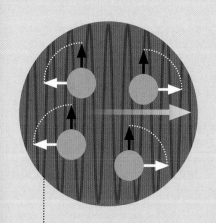

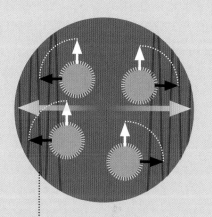

**无线电脉冲运动** 特定频率的无线电脉冲穿过人体，引起质子振动，并激发质子出现不同的排列（反平行）。

**无线电信号的释放** 当无线电脉冲停止时，质子继续振动并逐渐与磁场重新对齐。在这个过程中，它们的振动释放出可测量的无线电波（能量）。

# 深入分析

　　磁共振成像（MRI）是一种无创医学成像技术。病人被置于一个强大的磁场中，迫使体内质子的磁矩（见第67页）排列。质子构成了氢原子的原子核，而氢原子是人体内最丰富的元素之一。当被施加电流时，质子被激发并自旋（或振动）离开位置。测量关闭电流后质子振动的频率可以区分出人体内部不同的组织。

# 不用自然光也能看见

 显微镜的分辨率受波长的限制。在观察微小物体时，物质波（波长较短）比光更有帮助。电子的波长是可见光波长的10万分之一，可以对极小的物体进行成像，如病毒。电子显微镜扫描时使用加速的电子束来照亮被磁场弯曲的物体，而且用非玻璃透镜来聚焦电子。

**二次电子检测器**
二次电子检测器吸引并记录从样品中发射出来的电子。

**光束电子**
聚焦的电子束从物体表面的原子上散射，产生的信号可以建立一个非常详细的图像。

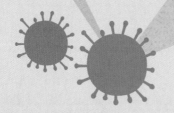

**反射光束**
一些高能电子被样品内的原子反射或背向散射。

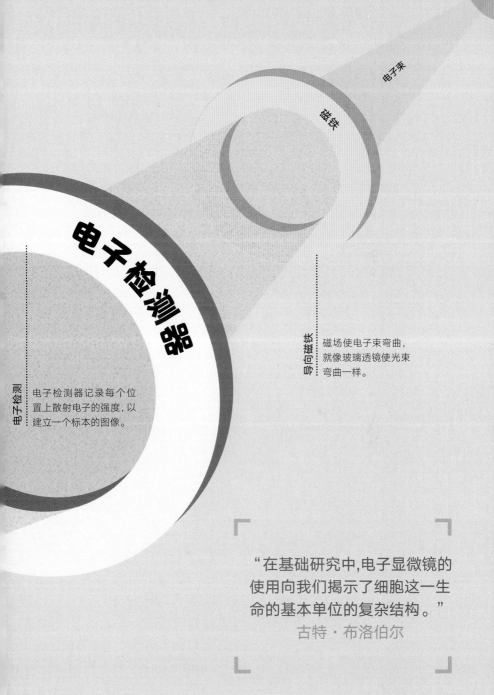

电子束

磁铁

# 电子检测器

**导向磁铁**
磁场使电子束弯曲,
就像玻璃透镜使光束
弯曲一样。

**电子检测**
电子检测器记录每个位
置上散射电子的强度,以
建立一个标本的图像。

"在基础研究中,电子显微镜的
使用向我们揭示了细胞这一生
命的基本单位的复杂结构。"
古特·布洛伯尔

**反馈电路**

激光检测到的偏转被用于反馈回路，以控制探针的位置并使其靠近样品表面。

**光敏二极管**

一个光敏二极管利用反射的激光束在扫描样品表面时跟踪悬臂尖端的高度变化。

光敏二极管

**细微结构**

原子力显微镜使科学家们得以一窥纳米级世界的面貌。他们根据探针在样品表面上移动的反应建立图像。

悬臂

原子力显微镜探针的尖端直径为5～40纳米，比大多数病毒都要小。

# 原子探测器

原子力显微镜（Atomic Force Microscopy，AFM）是一种"触摸"物体表面的扫描技术。当带有极尖锐探针的悬臂接近样品表面时，样品表面和探针之间的力会导致悬臂轻微偏转，这种运动可以用激光检测出来。原子力显微镜能够实现纳米尺度的分辨率，并可用于成像和操纵单个原子。

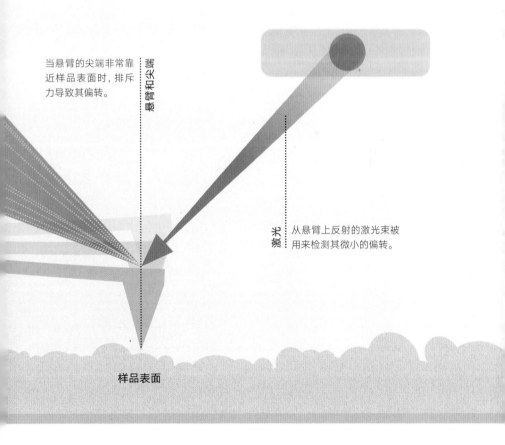

当悬臂的尖端非常靠近样品表面时，排斥力导致其偏转。

悬臂和尖端

激光

从悬臂上反射的激光束被用来检测其微小的偏转。

样品表面

# 量子信息

1980年，远在计算机成为家用物品之前，美国物理学家保罗·贝尼奥夫就证明了理论上计算机可以在量子物理定律下运行。如今，有许多量子计算模型。量子计算机存储和操纵量子信息来进行运算，有可能执行新的运算方式和算法，这些运算方式和算法将在当今的传统计算机上提供时间方面的指数级的改进。虽然严重的技术壁垒阻碍了量子计算机进入主流市场，但它们有望在21世纪为计算、通信和安全带来变革。

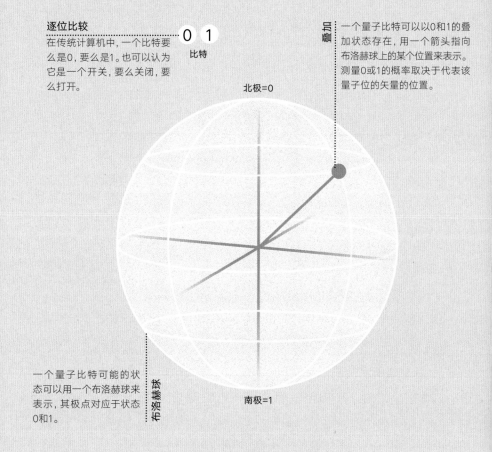

**逐位比较**

在传统计算机中，一个比特要么是0，要么是1。也可以认为它是一个开关，要么关闭，要么打开。

0 1
比特

**叠加**

一个量子比特可以以0和1的叠加状态存在，用一个箭头指向布洛赫球上的某个位置来表示。测量0或1的概率取决于代表该量子位的矢量的位置。

北极=0

**布洛赫球**

一个量子比特可能的状态可以用一个布洛赫球来表示，其极点对应于状态0和1。

南极=1

# 不只是0和1

传统计算机中信息的基本单位是比特，它有两种状态（以0或1表示）。量子等价物被称为"量子比特"，它不处于一种状态或另一种状态，而是处于这两种状态的叠加（见第38～39页）状态。量子比特可以在粒子的属性中进行编码，如电子自旋（向上或向下）和光子偏振（垂直或水平）。

# 超高速

　　量子计算机通过量子过程来存储和处理数据。它们可以比传统计算机更快地执行某些计算，例如将非常大的数字分解成质因数。从理论上讲，量子计算机有能力执行在传统计算机上几乎不可能完成的任务。然而，建造量子计算机存在着巨大的技术挑战，最重要的是维持量子比特的波函数（见第75页）。

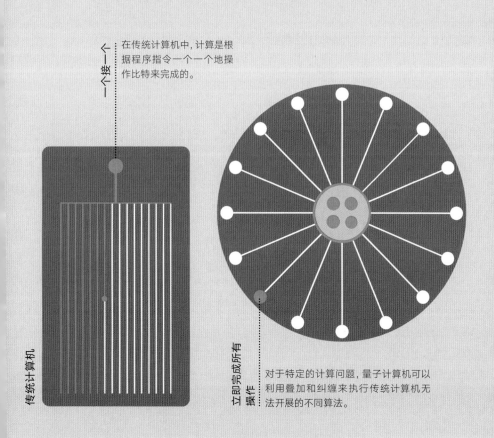

一个接一个　在传统计算机中，计算是根据程序指令一个一个地操作比特来完成的。

传统计算机

立即完成所有操作　对于特定的计算问题，量子计算机可以利用叠加和纠缠来执行传统计算机无法开展的不同算法。

# 量子密码

当数据被加密时，只有拥有密钥的人才能解密和读取它。量子密码学使用量子现象，如叠加（见第38～39页）或纠缠（见第72～73页）来加密和解密数据。这可以使人无法窥探加密的对话，窃听者必须测量量子密钥以获得有关信息，使共享的量子密钥的波函数坍缩，从而暴露出未经授权的访问。

## 密码

爱丽丝用一系列偏振光子与鲍勃分享秘密信息。然后，爱丽丝和鲍勃就"筛选过的密钥"达成一致，这个密钥是基于兼容的偏振滤光片进行的测量。

鲍勃使用偏振滤光片和探测器从光子中获取信息。

为了创建筛选过的密钥，鲍勃告诉爱丽丝他使用的滤光片的顺序，然后丢弃不匹配的测量值。

光子通过滤光片产生偏振。

编码序列的传输

光子

滤光片

滤光片

探测器

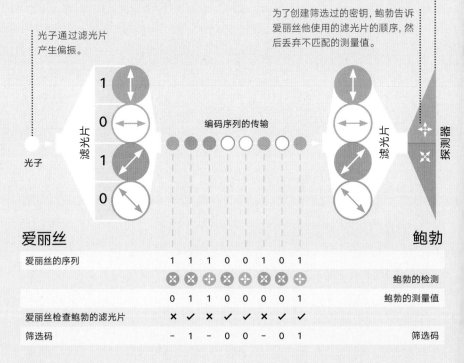

**爱丽丝**

**鲍勃**

| 爱丽丝的序列 | 1 | 1 | 1 | 0 | 0 | 1 | 0 | 1 | |
| --- | --- | --- | --- | --- | --- | --- | --- | --- | --- |
| | ⊗ | ⊗ | ⊕ | ⊕ | ⊗ | ⊕ | ⊗ | ⊕ | 鲍勃的检测 |
| | 0 | 1 | 1 | 0 | 0 | 0 | 0 | 1 | 鲍勃的测量值 |
| 爱丽丝检查鲍勃的滤光片 | ✗ | ✓ | ✗ | ✓ | ✓ | ✗ | ✓ | ✓ | |
| 筛选码 | – | 1 | – | 0 | 0 | – | 0 | 1 | 筛选码 |

# 模拟器

　　有些系统过于复杂，甚至连超级计算机都无法模拟——尤其是那些具有传统模拟方法无法模拟的特性的系统，如纠缠。然而，这些可以用具有量子特性的真实粒子的模拟系统来模拟，比如超冷气体。虽然量子计算机在理论上有一天可以被编程来解决任何问题，但量子模拟器已经被用于探索一些特定问题。

利用磁场和激光束将离子排列在一个矩阵中。

俯视图图像矩阵

探测器透镜

悬浮在磁铁中的离子

## 激光
高灵敏度的激光束被用来测量离子的特性，如温度。

激光束

激光束

电场和磁场将数百个离子捕获在有序的二维晶格中。

冷却激光束

## 离子阱模拟平台
利用模拟这种磁性行为的离子阱来模拟量子磁场中的相互作用是可能的。这在传统计算机上是不可行的。

# 核物理

20世纪前夕，人们发现了从原子内部产生的辐射，这一发现挑战了人们长期以来坚持的信念，即原子——因其似乎不可分割而被命名——是物质的基本构成单位。这促使人们发现了原子核，标志着人类对亚原子世界探索的开始。在这种尺度下，需要量子物理学来解释自然现象是如何发生的。核物理学领域涉及对原子核（在原子中心发现的密集的、带正电荷的实物粒子）、其成分及相关现象的研究，如放射性、裂变和聚变。

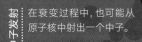

**中子发射**
在衰变过程中，也可能从
原子核中射出一个中子。

**不稳定核**
如果原子核自发衰变（发射辐射）
成为一个新的、更稳定的原子核，
它就具有放射性。

β粒子
在负β衰变中，核内的一个
中子转变为一个质子，同时释
放一个电子和一个反中微
子。在正β衰变中，核内的一
个质子转变为一个中子，同
时释放一个正电子和一个中
微子。

1896年，法国科学家亨利·贝克
勒尔在用X射线和磷光材料进行实
验时发现了放射性。

**α粒子**

在α衰变过程中，从不稳定的母核中发射出一个α粒子（由两个质子和两个中子组成的氦核）。

**伽马射线**

高能光子是在伽马衰变过程中发射出来的。

# 寻求稳定

　　放射性是指从不稳定的原子核中发射波或粒子的现象。当原子核自发地通过释放能量转变成更稳定的结构时，就会发生这种情况。量子世界的随机性意味着我们不可能预测单个原子核何时会衰变，尽管一大群相同原子核的衰变可以用它们的半衰期（一半原子核衰变所需的时间）来描述。

## 核反应

核裂变是由中子轰击放射性物质（核反应堆中最常见的是铀-235）引起的。

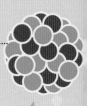

## 核分裂

当一个中子破坏铀核的稳定性时，铀核通常会分裂成两部分。

中子

铀-235原子核

能量释放

# 分裂原子

核裂变是指原子核分裂成更小的碎片。当所有原子核裂变后留下的低质量碎片加在一起时，它们的质量都小于原来的重核——缺失的质量以能量的形式释放出来。在裂变中释放的中子可以继续与其他原子核碰撞，并使它们发生裂变，这被称为链式反应（如在核反应堆或原子武器中）。

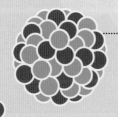

**开始链式反应**
当裂变释放的中子进一步撞击铀核时,这可能导致一连串的核反应。

中子

# 链式反应

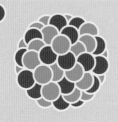

> "原子释放出来的能量改变了一切,除了我们的思维模式。所以,我们日益接近前所未有的大灾难。"
>
> 阿尔伯特·爱因斯坦

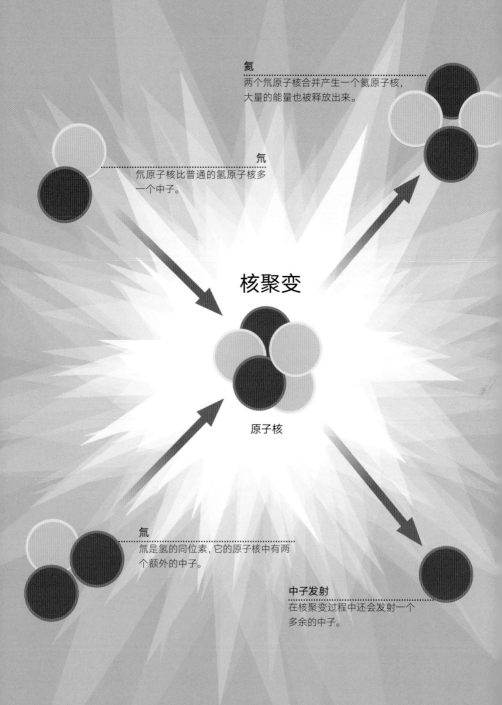

**氦**
两个氘原子核合并产生一个氦原子核，
大量的能量也被释放出来。

**氘**
氘原子核比普通的氢原子核多
一个中子。

# 核聚变

原子核

**氚**
氚是氢的同位素，它的原子核中有两
个额外的中子。

**中子发射**
在核聚变过程中还会发射一个
多余的中子。

能量

# 原子核的结合

两个或两个以上的原子核结合形成一个更大
的原子核，这一过程称为核聚变。当轻核聚变
时，它们会损失一点儿质量，这些质量以能量的
形式释放出来。除了在最极端的条件下，比如在
恒星内部，核聚变是不可能发生的，这是由带正
电荷的原子核之间的排斥性库仑力造成的。在这
些条件下，原子核可以隧穿（见第71页）库仑势
垒，并被拉近到足以发生聚变的程度。

"我希望核聚变能作为一种实用的方式，
提供取之不尽的能源，不会造成污染，
也不会导致全球气候变暖。"

斯蒂芬·霍金

# 粒子物理学

粒子物理学涉及对自然界中最基本的物体和力的研究。20世纪，基本粒子和复合粒子"动物园"的发现促使科学家们建立了迄今为止理解粒子物理学最成功的理论——标准模型。这一理论认为物质是由12个基本粒子（费米子）组成的，而3种量子力（强作用力、弱作用力、电磁力）是由载力粒子（玻色子）携带的。根据量子场论，所有这些粒子都是由其基本量子场激发的。

# 追踪难以捉摸的粒子

人眼是看不见量子尺度上的物质的，但粒子探测器，如云室和气泡室，可以使粒子的路径可见。在云室中，电离粒子快速穿过充满蒸汽的云室，留下电离原子的痕迹在其周围凝结。在磁场和电场中，凝结形成独特的弯曲轨迹，从而可以计算电荷和质量等特性。

气泡室 气泡室使用过热液体，当带电粒子经过时会发生电离效应产生气泡，气泡沿着粒子所经路径留下痕迹。

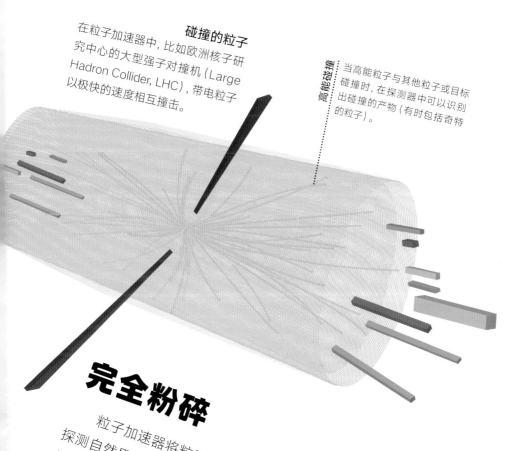

**碰撞的粒子**

在粒子加速器中，比如欧洲核子研究中心的大型强子对撞机（Large Hadron Collider, LHC），带电粒子以极快的速度相互撞击。

**高能碰撞** 当高能粒子与其他粒子或目标碰撞时，在探测器中可以识别出碰撞的产物（有时包括奇特的粒子）。

# 完全粉碎

粒子加速器将粒子推到极端的速度和能量，使物理学家能够探测自然界中最小的物体。现代粒子加速器利用不断变化的电磁场，将带电粒子加速并引导到几乎和光速差不多的程度，并将它们砸向目标。将粒子砸在一起会导致它们破碎、融合，并在极端的能量下创造出大爆炸后瞬间短暂存在的奇异物质。

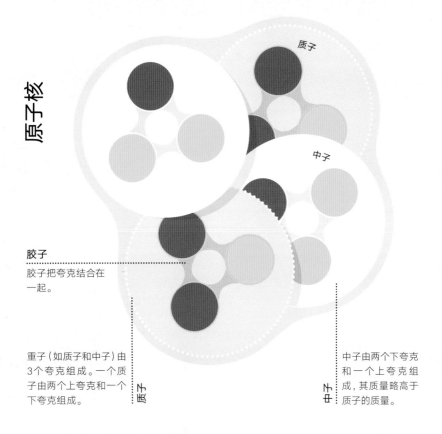

原子核

质子

中子

**胶子**
胶子把夸克结合在
一起。

重子（如质子和中子）由
3个夸克组成。一个质
子由两个上夸克和一个
下夸克组成。

质子

中子由两个下夸克
和一个上夸克组
成，其质量略高于
质子的质量。

中子

# 比原子还小

　　原子是由基本物质粒子构成的，比如夸克。夸克有6种类
型：上夸克、下夸克、粲夸克、奇夸克、顶夸克和底夸克。夸
克还有一种独特的性质，称为"色荷"（见第135页），它与
日常意义上的颜色无关。带色荷的粒子不能被孤立，所以夸克
总是结合在一起形成"无色"的复合粒子，比如通过强作用力
结合在一起的质子。

# 没有强烈的相互作用

　　轻子是另一种基本物质粒子。轻子有6种，分为两类：带电轻子与电中性中微子。带电轻子包括电子、μ子和τ子；电中性中微子包括电子中微子、μ子中微子和τ子中微子。所有夸克和轻子都有半整数自旋值。轻子不受强作用力的影响。带电的轻子经常通过电磁力与其他粒子相互作用，而中微子则被认为是"幽灵般的"，几乎不与任何东西相互作用，因为它们只能通过弱相互作用影响其他粒子。

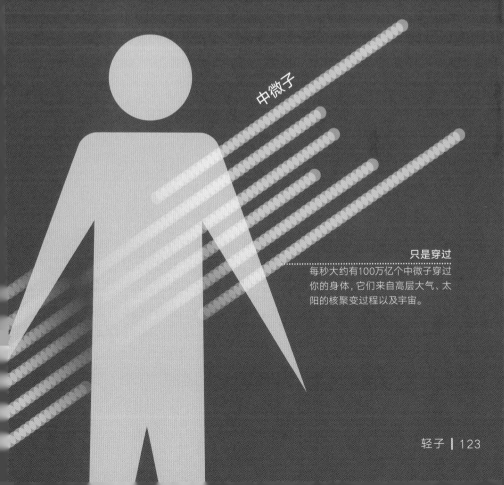

中微子

**只是穿过**
每秒大约有100万亿个中微子穿过你的身体，它们来自高层大气、太阳的核聚变过程以及宇宙。

# 解构量子世界

标准模型是描述量子世界物质组成与相互作用最成功的理论。它用基本物质粒子（费米子）、载力粒子（规范玻色子）和希格斯玻色子的相互作用来描述一切。尽管该理论在预测实验结果方面取得了成功，但它仍被认为是一项正在进行的工作，因为有些现象还无法解释（见第130~131页）。

**创造出物质**

轻子和夸克都是费米子（自旋值为半整数）。它们是物质的最小组成单位。

**轻子**

轻子分为两类，每类有3种：其中3种带电荷，另外3种不带电荷。带电轻子包括电子、μ子和τ子。中微子是中性的。

> "标准模型如此复杂，以至于很难把它印在T恤上——当然也并非完全不可能，只要写得小一点儿就行了。"
> 史蒂文·温伯格
> （基本粒子物理学家）

**d**
下夸克

**u**
上夸克

第一代

第一代

**e**
电子

**υe**
电子中微子

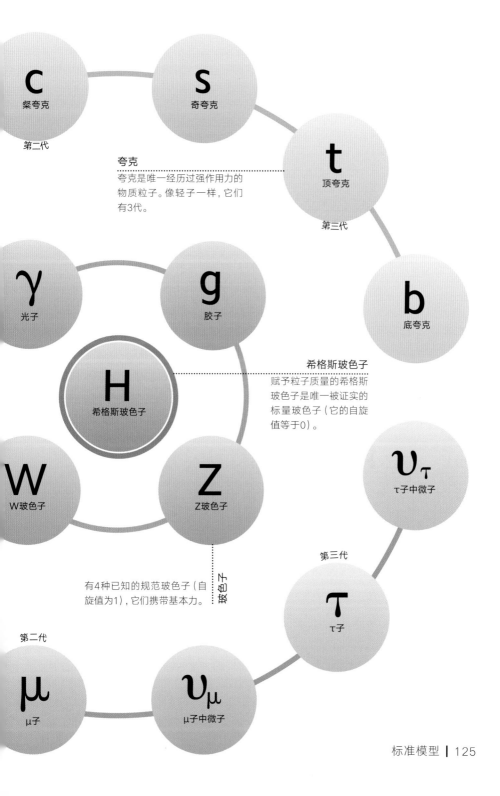

**c**
粲夸克

第二代

**s**
奇夸克

**t**
顶夸克

第三代

**b**
底夸克

**夸克**
夸克是唯一经历过强作用力的物质粒子。像轻子一样, 它们有3代。

**γ**
光子

**g**
胶子

**H**
希格斯玻色子

**希格斯玻色子**
赋予粒子质量的希格斯玻色子是唯一被证实的标量玻色子 (它的自旋值等于0)。

**W**
W玻色子

**Z**
Z玻色子

玻色子

有4种已知的规范玻色子 (自旋值为1), 它们携带基本力。

$\upsilon_\tau$
τ子中微子

第三代

**τ**
τ子

第二代

**μ**
μ子

$\upsilon_\mu$
μ子中微子

# 载力粒子

量子物理学成功地整合了4种自然作用力中的3种：电磁力、强作用力和弱作用力。当粒子相互作用时，它们通过交换与这些力相关的规范玻色子（自旋值为1，也称为"载力粒子"）来实现相互作用。光子介导电磁力，W和Z玻色子介导弱作用力，而胶子介导强作用力。

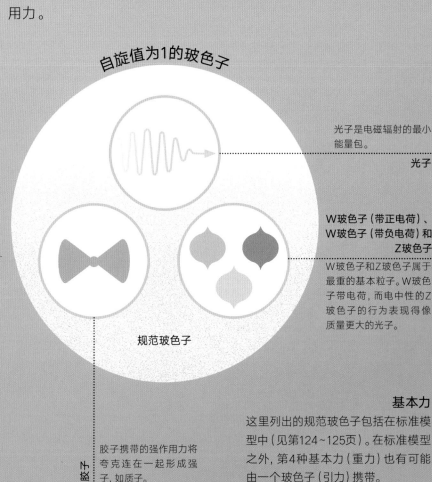

自旋值为1的玻色子

光子是电磁辐射的最小能量包。

光子

W玻色子（带正电荷）、W玻色子（带负电荷）和Z玻色子

W玻色子和Z玻色子属于最重的基本粒子。W玻色子带电荷，而电中性的Z玻色子的行为表现得像质量更大的光子。

规范玻色子

胶子携带的强作用力将夸克连在一起形成强子，如质子。

胶子

**基本力**

这里列出的规范玻色子包括在标准模型中（见第124~125页）。在标准模型之外，第4种基本力（重力）也有可能由一个玻色子（引力）携带。

**希格斯粒子的相互作用**

粒子与希格斯场的相互作用抑制了粒子的运
动, 获得了质量。没有这一相互作用, 所有的粒
子都会以光速移动。

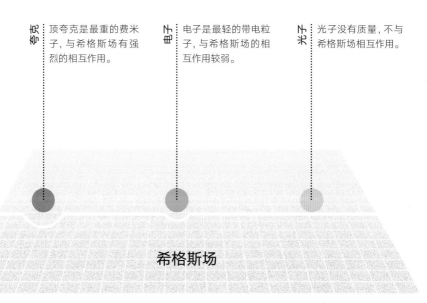

**夸克** 顶夸克是最重的费米
子, 与希格斯场有强
烈的相互作用。

**电子** 电子是最轻的带电粒
子, 与希格斯场的相
互作用较弱。

**光子** 光子没有质量, 不与
希格斯场相互作用。

希格斯场

# 为什么粒子会有质量?

标准模型包括一个标量玻色子 (自旋值为0), 称为
希格斯玻色子。希格斯玻色子是与希格斯场有关的粒子:
希格斯场渗透到所有空间, 并赋予粒子质量。一个粒子与
希格斯场的相互作用越强, 它的质量就越大, 而完全不与
希格斯场相互作用的粒子 (如光子) 没有质量。

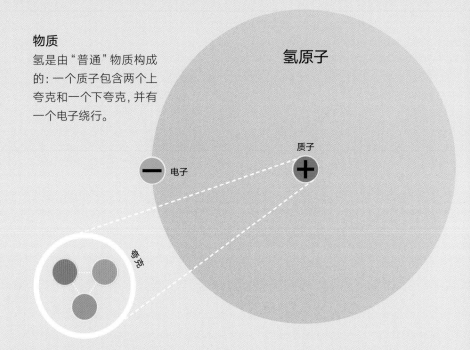

**物质**

氢是由"普通"物质构成的：一个质子包含两个上夸克和一个下夸克，并有一个电子绕行。

氢原子

质子

电子

夸克

# 正常物质的反状态

反物质是由反粒子组成的，反粒子与相应的"普通"物质粒子具有相同的质量，但具有相反的电荷（和其他一些属性）。例如，正电子具有与电子相同的质量，但是与电子的电荷相反。当一个粒子遇到它的反物质时，双方就会相互湮灭，发生爆炸并产生巨大的能量。宇宙中物质占主导地位，这是物理学领域的未解之谜。

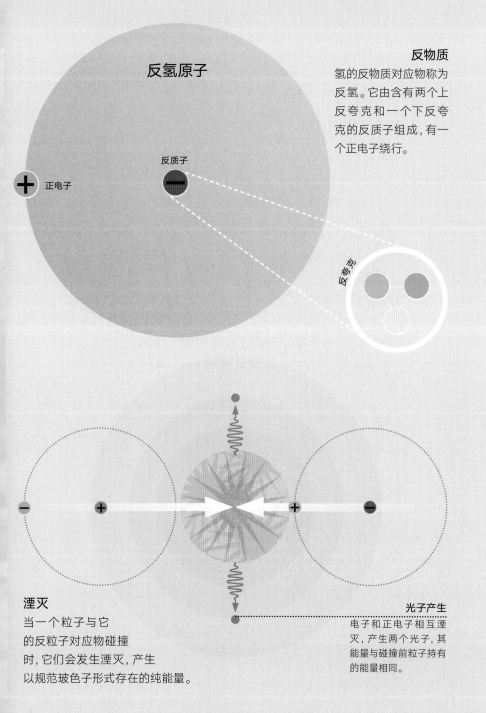

反氢原子

正电子

反质子

反夸克

**反物质**

氢的反物质对应物称为反氢。它由含有两个上反夸克和一个下反夸克的反质子组成，有一个正电子绕行。

**湮灭**

当一个粒子与它的反粒子对应物碰撞时，它们会发生湮灭，产生以规范玻色子形式存在的纯能量。

**光子产生**

电子和正电子相互湮灭，产生两个光子，其能量与碰撞前粒子持有的能量相同。

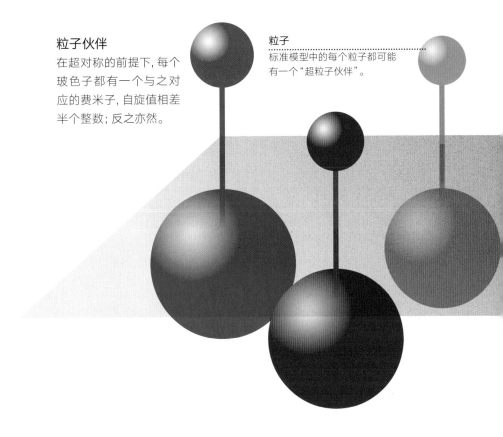

**粒子伙伴**
在超对称的前提下，每个玻色子都有一个与之对应的费米子，自旋值相差半个整数；反之亦然。

**粒子**
标准模型中的每个粒子都可能有一个"超粒子伙伴"。

# 不太标准

　　标准模型留下了许多未解之谜。例如，它没有描述引力或暗物质。超对称性是对标准模型的扩展方案之一，它预测标准模型中的每个已知粒子类型都有一个超对称伙伴，除自旋值不同外都有相同的量子数，以解决该模型的一些问题（例如提供一个暗物质候选者）。科学家们通过高能粒子加速器实验在标准模型之外探索宇宙（见第121页）。

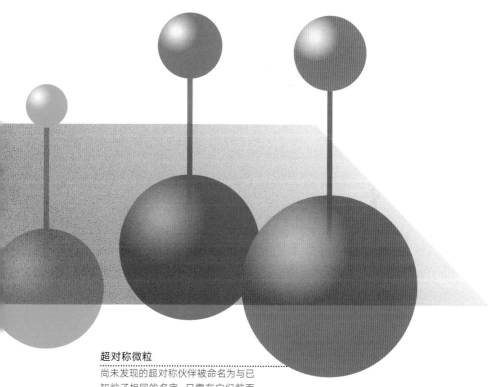

**超对称微粒**

尚未发现的超对称伙伴被命名为与已
知粒子相同的名字，只需在它们前面
加一个"超"（s）字，例如，超夸克
（squarks）是夸克的超对称伙伴。

"大多数引力都没有已知的起源，是某
种奇特粒子吗？没有人知道。暗能量是
宇宙膨胀的原因吗？谁也不知道。"

尼尔·德格拉斯·泰森

# 宇宙场

    量子场论（Quantum Field Theory，QFT）是一个广泛的框架，将粒子视为其底层量子场的激发态。例如，当电子场被激发超过一定限度时，就会出现一个电子。由于不确定性原理（见第42~43页），这些场不断地充满粒子和反粒子，它们从虚无中出现，然后瞬间消失。这个理论框架包含诸如标准模型的理论（见第124~125页）。

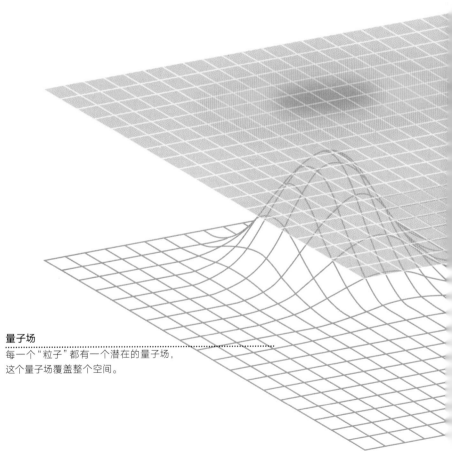

**量子场**
每一个"粒子"都有一个潜在的量子场，
这个量子场覆盖整个空间。

> "量子场论，诞生了……从量子力学与相对论的结合来看，它是一个美丽但不太健全的孩子。"
>
> 史蒂文·温伯格

共轭粒子

我们所认为的固态的局部粒子实际上是其量子场的干扰。例如，希格斯玻色子（见第127页）是由希格斯场的激发产生的。

粒子

量子场

**电子**
费米子，如电子和夸克，
用一条笔直的实线表示。

入射电子

输出电子

**物理学的瑰宝**

量子电动力学（Quantum Electrodynamics，QED）是电磁力的量子场论。它描述了所有由带电荷粒子经交换光子产生的相互作用：光子是电磁力的载力子。当这些光子被带电粒子吸收或释放时，光子交换的能量会改变粒子的速度和方向。这些过程可以用费曼图来显示。

**单光子交换**
光子和其他规整玻色子
用波浪线表示，但胶子
除外，它用卷曲的线条
表示（见对页）。

**顶点**
顶点是指粒子发生相互
作用的点。

入射电子

输出电子

**费曼图**
这个费曼图用来表示电子—电子散射的过程，它们之间的排斥电磁力由光子介导或传递。

空间

时间

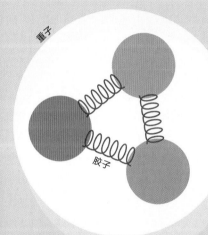

**介子（夸克-反夸克对）**

介子是由夸克-反夸克对组成的（见第128~129页），它们受到强作用力的束缚。夸克具有相反的色荷，形成无色的粒子。

介子

重子

胶子

胶子

**重子（自旋值为半奇数的夸克）**

重子是由3个夸克组成的粒子。例如，质子是由两个上夸克和一个下夸克组成的，它们受到强作用力的束缚。夸克有红、绿和蓝3种色荷，3种色荷的叠加使得它总体上"无色"。

# 三色夸克

　　量子色动力学（Quantum Chromodynamics，QCD）是强相互作用的量子场论，它涉及夸克之间胶子的交换（见第122页）。它与量子电动力学有很多相似之处，但用颜色代替电荷，用胶子代替光子。然而，强相互作用与其他相互作用相比具有一些独有的特点，诸如颜色禁锢（这意味着不能单独找到带电颜色粒子）和大约10~15米的极其有限的作用范围。

# 量子引力

20世纪，物理学中出现了两种革命性的理论：广义相对论和量子力学。广义相对论在天体物理学中有着非常重要的应用，并将引力作为时空的几何属性，因为它在质量和能量的作用下会发生扭曲。量子力学描述微观物质，其中引力似乎不重要，也无法解释。物理学家希望通过量子力学原理来调和广义相对论与量子力学的冲突。两种最流行的量子引力理论是弦理论和圈量子引力论（它不像论述其他基本力那样论述引力）。

用量子理论解释引力可以在一个框架内解释所有4种基本力。

超引力/量子引力

大爆炸

大统一理论

**4种基本力结合**
一种万有理论预测，在极高的能量下，例如在大爆炸之后，4种基本力会结合成一种"超级力"。

# 联合力

20世纪，物理学有两大支柱：量子力学和广义相对论。如果将二者统一在一个理论中，可以描述宇宙中的所有现象——万有理论。这是一项艰巨的任务，因为根据广义相对论，引力不是一种力，而是时空的一种属性（见第23页），科学家所有将引力建模为量子力（像其他基本力一样）的努力都失败了。

引力

在这个理论中，弱相互作用和电磁相互作用在高能的情况下是统一的。

电弱统一理论

弱核力

电弱力

电磁力

电力和磁力

詹姆斯·克拉克·麦克斯韦证明了电场和磁场是电磁力的不同表现。

强核力

大统一理论

这些理论试图描述除引力外的所有力如何在极高的能量下变成一种力。

> "自古以来，人类就渴望用尽可能少的基本概念来理解自然的复杂性。"
> 阿卜杜勒·萨拉姆

# 量子泡沫

在极端条件下，例如在黑洞中心或大爆炸后的瞬间，久经考验的物理学定律（广义相对论和量子物理学）就会被打破。物理学家期望用普朗克尺度将宇宙在宏观与微观上再次统一，从而提出量子引力理论。与这个尺度相关的极端数量用普朗克单位来测量，如普朗克长度（约$10^{-35}$米）。如果我们把一个原子放大到整个宇宙那么大，"普朗克长度"在这个放大的尺度下相当于地球上一个足球场的单边长度。

不存在明显的空旷空间<br>在普朗克尺度上，时空（见<br>第23页）可能不是光滑和<br>空的，而是泡沫状的。

"在任何领域，找到最
奇怪的东西，然后去探
索它。"

约翰·惠勒

## 时空气泡

量子引力模型预测，时空是
由一些微小的区域组成的，在这
些区域中，维度会像泡沫中的气泡
一样涌入和消失。时空气泡理论非常
符合量子世界的不确定性原理
（见第42～43页），与普朗克
尺度上的距离和间隔密
切相关。

**闭合振动的弦**

闭合弦是一个没有任何端点的循环。所有的弦理论
中都包含闭环。

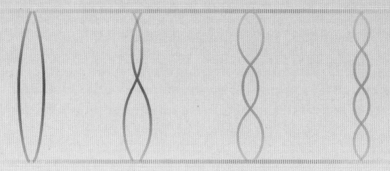

**开放振动的弦**

开放弦的端点连接到二维的膜——D-膜。
并不是所有的弦理论都包含开弦的概念。

# 微小的振动弦

弦理论是万有理论（见第138～139页）的候选者，它提出
所有的粒子都是振动的一维弦。不同的振动状态导致它们表现为
不同的粒子，包括引力的力载体（引力子）。在弦理论中，引力
子逃逸到更高的维度，导致引力看起来与其他基本力非常不同。
弦理论有几个不同的版本。

# 统一起来的理论

M理论将5种不同的弦理论（允许存在不同类型的弦理论）统一为一个理论。M理论提出了被人们称为"膜"的基本构造单元，它是一维振动弦的多维版本。该理论认为世间存在11个维度（10个空间维度和1个时间维度），其中有7个会因为被"卷曲"而变小，以至于生活在其他4个维度的我们看不见它们。弦理论，包括M理论，曾被批评不能通过实验得到验证。

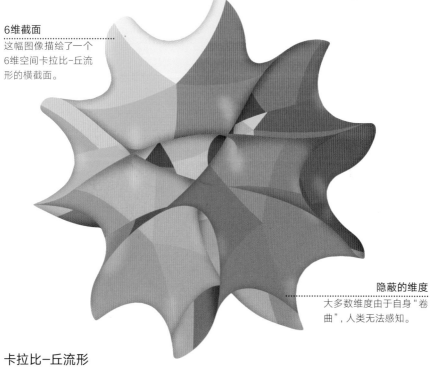

**6维截面**
这幅图像描绘了一个6维空间卡拉比-丘流形的横截面。

**隐蔽的维度**
大多数维度由于自身"卷曲"，人类无法感知。

**卡拉比-丘流形**
有人提出，弦理论的额外维度是卷曲的复杂多维空间，比如这个卡拉比-丘流形。

# 空间结构

圈量子引力论（Loop Quantum Gravity，LQG）是万有理论（见第138～139页）的候选者，它并不试图统一4种基本力，而是将引力建模为时空的一个属性（见第23页）。该理论认为时空是颗粒状的，是由普朗克尺度大小的引力场"圈"构成的。圈被编织成一种被称为自旋网络的结构，代表着状态和相互作用。当随着时间的推移被观察到时，圈就变成了一个发泡的"自旋泡沫"。

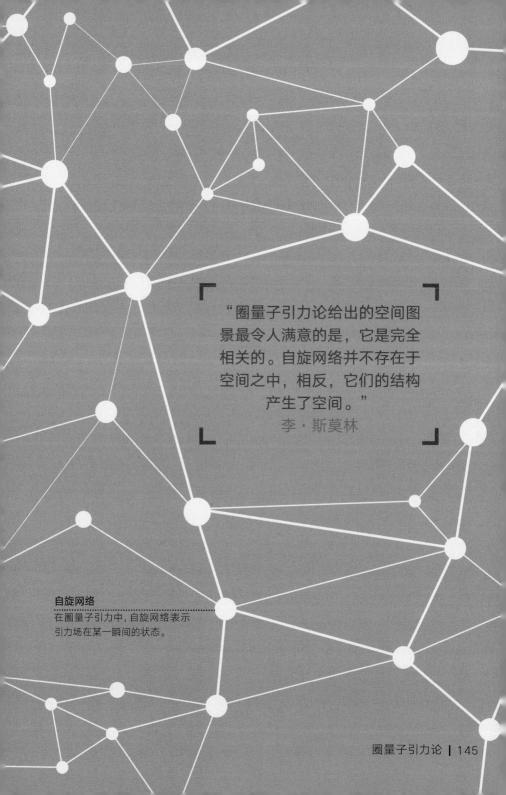

"圈量子引力论给出的空间图景最令人满意的是，它是完全相关的。自旋网络并不存在于空间之中，相反，它们的结构产生了空间。"

李·斯莫林

**自旋网络**
在圈量子引力中，自旋网络表示引力场在某一瞬间的状态。

# 量子生物学

在最基本的层面上，构成我们所谓生命的所有过程都归结为生物化学——各种复杂分子之间相互的化学作用。因此，了解到量子效应在其中发挥了作用，也许并不令人惊讶。包括埃尔温·薛定谔和尼尔斯·玻尔在内的许多该领域的先驱预测，量子现象将在从能量收集到基因突变的过程中发挥重要作用。但直到最近的几十年，我们对生物化学的理解才得以揭示其中的一些细节。

# 光子与叶子

　　光合作用是植物利用太阳光的能量制造糖和其他化学物质的过程。它的第一步涉及光子触发被称为发色团的分子的化学变化。由这些变化产生的能量被转移到其他分子上，在那里它可以以惊人的效率被利用，包括不同能量状态之间的同步振动。许多生物学家认为，光合作用是为了利用光能的量化性质而进化的；有些人的认识则更进一步，认为其他量子现象，如叠加（见第38~39页），可能起了作用。

阳光

### 能源工厂内部
一片叶子是一个电化学发电厂，它利用特定波长的阳光激发发色团，并最终使其色素分子发生化学变化。

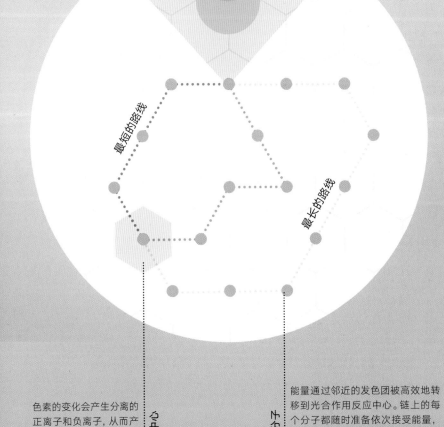

**光子**

入射光携带与其颜色相对应的能量。发色团可以被高能量的紫色和蓝色光子以及低能量的红色光子激发，但光谱中部的绿光被反射回来。

最短的路线

最长的路线

色素的变化会产生分离的正离子和负离子，从而产生能引发其他反应的"电化学电位"。

反应中心

聚光分子

能量通过邻近的发色团被高效地转移到光合作用反应中心。链上的每个分子都随时准备依次接受能量，因此有人认为量子现象有助于细胞找到最有效的能量传输途径。

# 它存在于我们的 DNA中

基因突变在进化过程中起着至关重要的作用，它给DNA带来了随机变化。DNA是一种自我复制的生化分子，携带着制造生物的指令。突变涉及被称为"碱基"的单个化学单位（DNA代码的单个字母）突然从一种形式转变为另一种形式。由于碱基似乎天生稳定，一些科学家认为需要通过量子隧穿（见第70～71页）来跨越其结构内的能量屏障，导致变化的发生。

DNA由糖–磷酸"骨架"连接的碱基对组成，这些碱基对扭曲成螺旋状。

**双螺旋**

**碱基对**

碱基以特定的形成配对——腺嘌呤与胸腺嘧啶配对，鸟嘌呤与胞嘧啶配对。

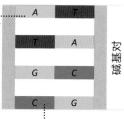

碱基对

复制

碱基配对确保DNA可以通过"解开"和重建相反的链条来复制。

**量子变化**

一种形式的突变可能始于一个量子事件。如果其中一个碱基的质子跳到了"氢键"的另一侧，这将导致配对规则被打破，在复制DNA时引发突变。

DNA链

## 底物

参与反应的化学物质最初可能被弱引力吸引到酶表面的不同区域。

## 酶

随着底物与酶结合,化学变化使它们能够克服阻止反应的能量屏障,形成一个产物,然后释放出来。

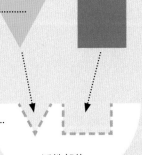

活性部位

## 催化过程

催化作用涉及改变两种或两种以上化学物质的结构,以允许它们之间发生反应。在某些情况下,似乎只有通过量子隧穿才能克服反应障碍。

# 隧穿促进反应的发生

一种叫作酶的化学物质遍布我们的身体,有助于我们的消化(将食物分解成有用的营养物质)等过程。它们被认为是通过降低被称为底物的分子之间的能量障碍来发挥作用,从而使它们发生反应的,但它们这样做的确切方式仍然不为人所知。一种理论认为,它们通过创造条件,使电子能够利用量子隧穿在分子之间架起桥梁(见第70~71页)。

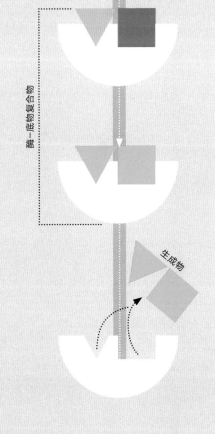

酶-底物复合物

生成物

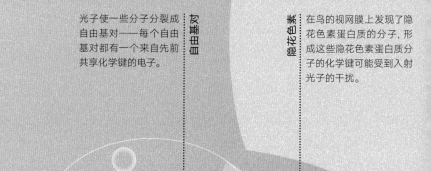

光子使一些分子分裂成
自由基对——每个自由
基都有一个来自先前
共享化学键的电子。

自由基对

隐花色素

在鸟的视网膜上发现了隐
花色素蛋白质的分子，形
成这些隐花色素蛋白质分
子的化学键可能受到入射
光子的干扰。

化学反应1

磁场

光线

化学反应2

自由基对只能处于两种状态
中的一种（称为单线态或三
重态），而地球磁场可能影
响这些状态。每一种状态都
可能触发一种不同的化学信
号传向鸟的大脑。

传递给大脑的信息

## "看见"地球磁场

迁徙的鸟类以非常精确的方式
进行导航，即使在没有视觉标
志的地形或天气条件下飞行也
是如此。

磁场

北极

地球

南极

# 磁性感知

　　在季节性迁徙中，许多不同种类的鸟类在冬季和夏季栖息地之间飞行很远的距离。实验表明，鸟类依靠某种内置"指南针"来导航，一些科学家提出了量子效应来解释此现象。人们在鸟的视网膜中发现的一种叫作隐花色素的蛋白质分子在蓝光下形成具有相关自旋（见第66页）的分子对，这些自旋可以通过磁场定向，也许这可以让鸟类感知地磁场。

# 我们的嗅觉

人们对嗅觉的传统理解，被称为"锁与钥匙"模型，涉及气味分子（气味剂）进入鼻子的受体细胞，并引发感官反应。但这就是全部吗?未经证实的嗅觉"振动"理论利用量子效应为一些悬而未决的问题提供了解决方案。这表明我们的气味接收涉及由气味分子的振动驱动的量子隧穿效应。

嗅球

气味剂的分子结构不是静态的，而是快速振动的，以类似音乐谐波的不同"模式"发射红外能量。

**气味分子**

## 量子调谐嗅觉?

根据"锁与钥匙"模型，当来自气味分子的电子进入我们的受体蛋白质，将这些复杂分子从一个能级提升到另一个能级时，就会触发送往我们大脑的信号。

# 量子意识?

　　有意识的思考似乎是人类独有的能力，但我们推理、想象和评估问题的能力能否根植于量子物理学呢？一些著名的物理学家认为，我们大脑的独特之处可能来自对量子现象的利用，比如纠缠（见第72～73页）和叠加（见第38～39页）。但其他人怀疑，由于退相干（见第75页），量子不确定性是否能在我们温暖、潮湿的身体中持续足够长的时间，以使任何大脑功能都能利用它呢？

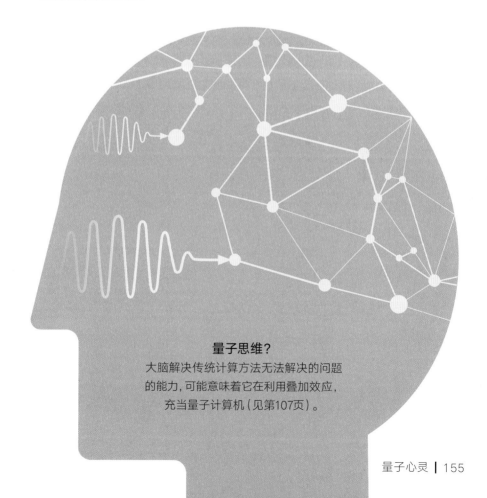

**量子思维?**
大脑解决传统计算方法无法解决的问题的能力，可能意味着它在利用叠加效应，充当量子计算机（见第107页）。

# 索引

# 致谢

DK要感谢以下人员对本书的顺利出版给予的帮助：多米尼克·沃里曼（Dominic Walliman）负责目录工作；米克·盖茨（Mik Gates）、丹·克里斯普（Dan Crisp）和多米尼克·克利福德（Dominic Clifford）负责本书插图；凯蒂·约翰（Katie John）负责校对；海伦·彼得斯（Helen Peters）负责索引；高级封面设计师苏希塔·达拉姆吉特（Suhita Dharamjit）、高级桌面排版设计师哈里什·阿加瓦尔（Harish Aggarwa）、封面编辑普里扬卡·夏尔马（Priyanka Sharma）和封面主编萨洛尼·辛格（Saloni Singh）。